建造·性能·人文与设计系列丛书

国家自然科学基金面上项目"基于构件法建筑设计的装配式建筑建造与再利用碳排放定量方法研究"(51778119)

江苏省住建厅2016年第三批省级节能减排(建筑产业现代化科技支撑)专项(2016-15)

江苏建筑节能与建造技术协同创新中心开放基金青年基金"基于BIM的工业化住宅协同建造的关键技术与方法研究"(SJXTQ1517)

中央高校基本科研业务费专项资金资助(2017WB10)

基于 BIM 的工业化住宅协同设计

姚 刚 著

东南大学出版社

南 京

图书在版编目(CIP)数据

基于 BIM 的工业化住宅协同设计/姚刚著. — 南京：
东南大学出版社，2018.7

(建造·性能·人文与设计系列丛书 / 张宏主编)

ISBN 978 - 7 - 5641 - 7268 - 8

Ⅰ.①基…　Ⅱ.①姚…　Ⅲ.①住宅—建筑设计　Ⅳ.
①TU241

中国版本图书馆 CIP 数据核字(2017)第 167456 号

书　　　名：**基于 BIM 的工业化住宅协同设计**

著　　　者：姚　刚

责任编辑：戴　丽　贺玮玮

文字编辑：张慧芳

责任印制：周荣虎

出版发行：东南大学出版社

社　　　址：南京市四牌楼 2 号　　　邮编：210096

网　　　址：http://www.seupress.com

出 版 人：江建中

印　　　刷：南京玉河印刷厂

排　　　版：南京布克文化发展有限公司

开　　　本：889mm×1194mm　1/16　印张：10　字数：300 千字

版　　　次：2018 年 7 月第 1 版　2018 年 7 月第 1 次印刷

书　　　号：ISBN 978 - 7 - 5641 - 7268 - 8

定　　　价：48.00 元

经　　　销：全国各地新华书店

发行热线：025-83790519　83791830

序一

　　2013年秋天，我在参加江苏省科技论坛"建筑工业化与城乡可持续发展论坛"上提出：建筑工业化是建筑学进一步发展的重要抓手，也是建筑行业转型升级的重要推动力量。会上我深感建筑工业化对中国城乡建设的可持续发展将起到重要促进作用。2016年3月5日，第十二届全国人民代表大会第四次会议政府工作报告中指出，我国应积极推广绿色建筑，大力发展装配式建筑，提高建筑技术水平和工程质量。可见，中国的建筑行业正面临着由粗放型向可持续型发展的重大转变。新型建筑工业化是促进这一转变的重要保证，建筑院校要引领建筑工业化领域的发展方向，及时地为建设行业培养新型建筑学人才。

　　张宏教授是我的学生，曾在东南大学建筑研究所工作近20年。在到东南大学建筑学院后，张宏教授带领团队潜心钻研建筑工业化技术研发与应用十多年，参加了多项建筑工业化方向的国家级和省级科研项目，并取得了丰硕的成果，建造·性能·人文与设计系列丛书就是阶段性成果，后续还会有系列图书出版发行。

　　我和张宏经常讨论建筑工业化的相关问题，从技术、科研到教学、新型建筑学人才培养等，见证了他和他的团队一路走来的艰辛与努力。作为老师，为他能取得今天的成果而高兴。

　　此丛书只是记录了一个开始，希望张宏教授带领团队在未来做得更好，培养更多的新型建筑工业化人才，推进新型建筑学的发展，为城乡建设可持续发展做出贡献。

2016年3月

序二

建筑构件的制作、生产、装配,建造成各种类型建筑的方法、模式和过程,不仅涉及过程中获取和消耗自然资源和能源的量以及产生的温室气体排放量(碳排放控制),而且通过产业链与经济发展模式高度关联,更与在建筑建造、营销、运营、维护等建筑全生命周期各环节中的社会个体和社会群体的权利、利益和责任相关联。所以,以基于建筑产业现代化的绿色建材工业化生产—建筑构件、设备和装备的工业化制造—建筑构件机械化装配建成建筑—建筑的智能化运营、维护—最后安全拆除建筑构件、材料再利用的新知识体系,不仅是建筑工业化发展战略目标的重要组成部分,而且构成了新型建筑学(Next Generation Architecture)的内容。换言之,经典建筑学(Classic Architecture)知识体系长期以来主要局限在为"建筑施工"而设计的形式、空间与功能层面,需要进一步扩展,才能培养出支撑城乡建设在社会、环境、经济三个方面可持续发展的新型建筑学人才,实现我国建筑产业现代化转型升级,从而推动新型城镇化的进程,进而通过"一带一路"倡议影响世界的可持续发展。

建筑工业化发展战略目标是将经典建筑学的知识体系扩展为新型建筑学的知识体系,在如下五个方面拓展研究:

(1) 开展基于构件分类组合的标准化建筑设计理论与应用研究。

(2) 开展建造、性能、人文与设计的新型建筑学知识体系拓展理论与人才培养方法研究。

(3) 开展装配式建造技术及其建造设计理论与应用研究。

(4) 开展开放的 BIM(Building Information Modeling,建筑信息模型)技术应用和理论研究。

(5) 开展从 BIM 到 CIM(City Information Modeling,城市信息模型)技术扩展应用和理论研究。

本系列丛书作为国家"十二五"科技支撑计划项目"保障性住房工业化设计建造关键技术研究与示范"(2012BAJ16B00),以及课题"水网密集地区村镇宜居社区与工业化小康住宅建设关键技术与集成示范"(2013BAJ10B13)的研究成果,凝聚了以中国建设科技集团有限公司为首的科研项目大团队的智慧和力量,得到了科技部、住房和城乡建设部有关部门的关心、支持和帮助。江苏省住房和城乡建设厅、南京市住房和城乡建设委员会以及常州武进区江苏省绿色建筑博览园,在示范工程的建设和科研成果的转化、推广方面给予了大力支持。"保障性住房新型工业化建造施工关键技术研究与示范"课题(2012BAJ16B03)参与单位南京建工集团有限公司、常州市建筑科学研究院有限公司及课题合作单位南京长江都市建筑设计股份有限公司、深圳市建筑设计研究总院有限公司、南京市兴华建筑设计研究院股份有限公司、江苏省邮电规划设计院有限责任公司、北京中外建建筑设计有限公司江苏分公司、江苏圣乐建设工程有限公司、江苏建设集团有限公司、中国建材(江苏)产业研究院有限公司、江苏生态屋住工股份有限公司、南京大地建设集团有限责任公司、南京思丹鼎建筑科技有限公司、江苏大才建设集团有限公司、南京筑道智能科技有限公司、苏州科逸住宅设备股份有限公司、浙江正合建筑网模有限公司、南京嘉翼建筑科技有限公司、南京翼合华建筑数字化科技有限公司、江苏金砼预制装配建筑发展有限公司、无锡泛亚环保科技有限公司,给予了课题研究在设计、研发和建造方面的全力配合。东南大学各相关管理部门以及由建筑学院、土木工程学院、材料学院、能源与环境学院、交通学院、机械学院、计算机学院组成的课题高校研究团队紧密协同配合,高水平地完成了国家支撑计划课题研究。最终,整个团队的协同创新科研成果:"基于构件法的刚性钢筋笼免拆模混凝土保障性住房新型工业化设计建造技术系统",参加了"十二五"国家科技创新成就展,得到了社会各界的高度关注和好评。

最后感谢我的导师齐康院士为本丛书写序,并高屋建瓴地提出了新型建筑学的概念和目标。感谢东南大学出版社及戴丽老师在本书出版上的大力支持,并共同策划了这套建造·性能·人文与设计系列丛书,同时感谢贺玮玮老师在出版工作中所付出的努力,相信通过系统的出版工作,必将推动新型建筑学的发展,培养支撑城乡建设可持续发展的新型建筑学人才。

东南大学建筑学院建筑技术与科学研究所
东南大学工业化住宅与建筑工业研究所
东南大学 BIM-CIM 技术研究所
东南大学建筑设计研究院有限公司建筑工业化工程设计研究院

2016 年 10 月 1 日于容园·南京

前言

在信息技术巨大变革时期,工业化住宅发展存在瓶颈:信息化技术水平不高、工业化程度不够、产业化规模不足。如何利用基于建筑信息模型(BIM)工具的协同设计模式,提高工业化住宅开发过程中的综合运行效率,实现工业化住宅信息化、工业化、产业化发展的要求,是本书研究的主要内容与目标。除了绪论和结论,本书分为三个部分,分别为基础理论研究、关键要素研究、系统整合模式。

首先,本书的绪论部分通过对研究现状的分析,提出研究的内容,并初步阐述研究的方法、关键技术和思路。

接着,本书的第二章至第四章对工业化住宅协同设计的基础理论作阐述:第二章对工业化住宅发展历程进行概述,对阻碍工业化住宅发展的原因进行分析,并指出其需要向制造业学习,工业化住宅设计模式需要转型——必须从线性走向协同,应该选择工业化住宅协同设计作为工业化住宅研究的切入点;第三章介绍了协同设计的基本观点与发展脉络,明确了工业化住宅协同设计的定义与特征,并总结了工业化住宅协同设计的支撑技术;第四章是关键要素及其重要性排序部分,首先通过文献评论与专家访谈确定了影响工业化住宅协同设计的关键要素,然后运用调查问卷搜集关键要素的基础数据,最后对数据进行分析,得出影响工业化住宅协同设计的最重要的五个关键要素及其重要性排序,作为下一步研究的基础。该部分内容使得工业化住宅协同设计的研究有了坚实的理论基础。

本书的第五章至第七章对工业化住宅协同设计的关键要素进行系统阐述:第五章在整体上搭建了一个全面的基于BIM的工业化住宅协同设计技术平台,制定了一个可扩展的基于BIM的工业化住宅协同设计实施框架,并给出切实可行的实施路线;第六章在总结工业化住宅协同设计冲突检测的具体操作方法的基础上,提出了基于BIM技术的工业化住宅协同设计的消解冲突的方法;第七章明确了工业化住宅部品BIM模型库的构建原则与管理流程。该部分内容是研究的技术基础。

本书的第八章论述了工业化住宅协同设计的系统整合模式:研究提出了基于BIM和IPD(集成产品开发)的工业化住宅协同设计的系统整合模式,解决了工业化住宅全生命周期的协同设计问题,既是对研究第四章的结论中关于"全生命周期的协同设计"这个关键要素的解答,也是对所有关键要素的整合研究。这种系统整合模式将工业化住宅协同设计的关键要素整合在一起,形成了一个完整的系统方法论。

最后是本书的结论部分,对研究工作做出总结,并对未来的研究工作进行展望。

目　　录

序一

序二

前言

第一章　绪论

第一节　研究意义

本书研究"基于 BIM 的工业化住宅协同设计"起源于信息技术巨大变革时期,如何利用建筑信息模型(BIM)工具,提高住宅开发过程中的设计效率,实现住宅建设信息化、工业化、产业化发展的需求。

工业化住宅是目前国际住宅建筑行业发展的主流。工业化住宅在法国、美国、日本等主要发达国家已成为主要的住宅开发模式。我国工业化住宅起步晚但进步快,发展势头迅猛,目前一些超大型开发和施工企业均在进行工业化住宅发展实践,如开发企业中的万科集团和建造行业中的远大住工都在开展住宅工业化技术的探索与实践。由于传统建筑方式存在着工期长、效率低以及质量不稳定等缺点,使得工业化住宅成为住宅技术发展的结果和必然趋势。

相对于工业化住宅来说,传统的住宅开发模式是一个串行开发模式,即各阶段的工作是按顺序方式进行的,一个阶段的工作完成后,下一阶段的工作才开始,各个阶段依次排列。由于设计部门一直独立于建造过程,设计中出现的错误往往要到建造阶段才能被发现,这样就形成了"设计—建造—修改设计—重新建造"的大循环,导致住宅开发周期较长,开发成本增高,质量无法保证。而工业化住宅开发模式有别于传统的住宅开发模式,多出了工厂生产的环节,设计阶段和工厂制造阶段可以并行进行。因此,通过住宅工业化过程中的协同开发,有助于消解传统住宅开发所面临的问题——可以大幅缩短工期,有效控制建筑质量。在这种现状和发展趋势下,如何利用协同设计的方法,提高住宅开发过程中建筑设计环节的效率,实现开发各个环节的有效衔接显得极为迫切。

工业化住宅运用了现代工业技术、方法和运作模式,系统集成和整合了住宅全生命周期的所有要素,以先进的工厂化、集约化生产为基础,以建筑模块化、构件标准化、部品产品化、建造装配化、装修一体化为手段,旨在提升住宅品质、推进住宅行业开发效率的提升、降低住宅开发建设成本。工业化住宅协同设计既体现在建筑设计环节的效率和质量提升上,也体现了与其他各个环节的有效衔接。它要求在协同设计时有效组织不同设计工种,提高设计效率,并能充分考虑住宅开发建设全过程对设计层面的影响。在建筑设计的层面上,工业化住宅协同设计主要涉及以下几个问题的解决：

第一，协同设计的技术支撑工具问题。在整个建筑行业，信息技术正在发挥前所未有的作用。在 21 世纪，应用于建筑业的信息技术数量大大增加，包括计算机、网络、通信技术等，以及这些主要领域的众多分支。信息技术被看作一套能够将建筑业不同环节（从建筑设计到施工运营）充分沟通与协作的协同工具。基于信息技术的数字化软件，不应该只是现在流行于建筑设计领域的用作抽象的、静态造型的工具，而应该是被用作一种整合设计、生产和使用全过程的工具。建筑信息模型（BIM）能否作为一个基于信息的数字化工具，是塑造工业化住宅的关键问题。

第二，设计冲突的避免。由于工业化住宅协同设计的复杂性和设计过程的多学科融合，造成了目标冲突。相互矛盾的设计意图所引发的目标冲突阻碍了项目目标的整体实现。如何运用 BIM 软件，使建筑师和其他工程师在实际生产前，完全可靠地检测设计成果的每一面的精确性或潜在的冲突，以及任何其他问题，降低目标冲突的出现概率，是协同设计的目标之一。

第三，设计工作模式的转变。以提高生产效率为目标的工业化住宅协同设计流程和传统的建筑设计流程存在着较大差异，传统的建筑设计模式（流程）是线性化的工作模式，而工业化住宅的实现需要各个专业的设计人员同时工作，密切配合，是协同工作模式。协同设计模式是一种全新的模式，习惯于使用传统设计模式的设计人员很难掌握和使用。国内外已经研究开发了多种适用于协同设计模式的 BIM 软件，这些软件已经能够满足工业化住宅协同设计需要的各个环节的模拟和制图需求，但设计团队何时利用这些软件，以及如何保证各个专业设计师有效利用这些软件并未明确。

第四，职责分配与沟通。设计模式的转变也将带来设计团队成员责任界限的模糊，如何清晰地分配与界定，以及设计过程中各阶段目标的衔接，都必须得到明确的定义。另外，设计团队成员之间的良好沟通与信息互换，也是协同设计的基本要求，也是多学科合作的实质性基础。技术手段（系统、软件、形式等）的搭建也是一个需要解决的复杂问题。

第五，协同设计关键要素的系统整合。上述关键要素的梳理是复杂的，这种复杂性有时候也是相互矛盾和制约的：能否缩短开发时间，降低成本，同时又能提高质量是工业化住宅协同设计的终极目标；然而，工业化住宅协同设计的整个过程是一个反复修改最后逐渐完善的过程，且在设计初期就综合考虑所有的影响因素，必将在设计阶段带来额外的工作量。因此，如何系统地为影响设计结果的一系列关键要素建立绩效目标，然后制定系统最优的基本策略来达成这些目标，是协同设计最终要解决的问题，也是本研究试图梳理的科学问题。

因而，工业化住宅协同设计需要对上述问题进行梳理，对影响协同设计的关键要素及系统整合进行研究，这是住宅建设信息化、工业化、产业化发展中迫切需要解决的关键科技问题之一。本研究试图探索基于 BIM 的工业化住宅设计模式和解决方案，对其中的关键要素进行深入研究，帮助建立适合我国住宅产业化发展的工业化住宅的协同设计模式。

第二节　国内外研究现状及趋势

上述研究问题与以下三个主要方面的研究关系密切：

一、对工业化住宅的研究

涉及工业化住宅的研究目前在国内外已有较多展开，也有着较为丰富的研究成果。宏观层面上，刘东卫等人从技术角度总结了中国工业化住宅的历史发展脉络，并梳理了工业化住宅发展的技术演进[1]，Mao Chao 等人则以开发商的视点找到了阻碍工业化住宅发展的主要原因[2]。中观层面上，注重用定量的方法调查工业化住宅系统的认知[3]，并指出工业化住宅通过精益建造，可以定制[4]，但是工业化住宅承建商、工业化住宅部品生产商、工业化住宅部品供应商三者之间的合作薄弱[5]；并进一步向微观层面研究深化，研究工业化住宅全生命周期的整合设计[6]。在宏观和中观层面上，国内目前研究主要以工业化住宅结构体系的研究为主[7-8]，强调工业化住宅围护体系的研发[9]和工业化住宅结构支撑体系的研究[10]，也有部分研究从工业化住宅的产业化入手，基于发展工业化住宅部品化，提出了工业化住宅部品集成化相关理论、技术与策略的研究[11]，探讨了工业化住宅产品的市场发展战略[12]，并以整体卫生间为例，总结了工业化住宅产品设计方法[13]。微观层面的国内相关研究侧重模数协调与工业化住宅的整体化设计[14]，进行了基于 SI(Skeleton Infill)体系的工业化住宅模数协调应用研究[15]。

综合上述研究虽各自有所侧重，但都未能解决工业化住宅建筑设计效率和建筑质量同时提升的现实，其原因是上述研究在协同设计方面开展得比较少，譬如缺少工业化住宅设计模式的针对性研究，特别是缺乏对协同设计关键要素在工业化住宅中的系统整合的深入研究。

二、对信息技术在建筑设计中协同作用的研究

传统的设计与生产模式是一种简单的线性过程：从客户的委托，到建筑师的设计概念，再到客户的批示，工程师的加入，绘制详细的施工图，直到最后的建造，各个阶段是独立的，整个过程在建筑师的指挥下完成。相反，基于信息技术和计算机网络合作的方式更像是"自组织系统"，客户、顾问及建造商——即使遍布各地——都能够从最初阶段开始共同参与关键的设计与生产决策[16]。

在这个复杂的不可预知的过程中，起到关键作用的是"建筑信息模型"(BIM)，它的功能既是一个试验平台也是一个交流的媒介，迅速为每个项目参与者反映出他们建议之后的效果[17]。有学者指出建筑协同设计的最终成功，依赖于运用 BIM 工具捕捉所有相关数据以及在项目的不同参与者之间成功地交换数据的能力[18]。

继 D. M. Gann 提出可以运用信息技术进行建筑设计协同的研究[19]之后，国内外学者围绕这个主题进行了深入的研究，以信息技术的角度解析建筑协同设计的工作机制和原理[20]，提出工业化住宅建筑协同设计的原则和实现前提[21]，并构建了基于 BIM 的多学科协同设计平台的理论框架[22]，强调了数字技术的有力支撑下建筑设计走向网络协同工作的模式[23]，探讨了网络支持的协同设计的系统模型、工作模式及其分类[24]。

另外，还有部分学者对 BIM 如何在建筑设计中起到协同作用进行了研究，如运用 Autodesk 公司的 BIM 软件 Navisworks，在协同不同学科和系统安装商的过程中，可以进行 3D 冲突检测，避免设计冲突的产生[25-26]，还可以使用 BIM 对建筑设计项目计划进行自动更新[27]。同时，

也有学者系统研究了使用 BIM 工具实现建筑协同设计的关键要素,并对之进行重要性排序[28]。

信息技术尤其是 BIM 在建筑设计中发挥了一定的协同作用,但还未构建出一个系统的综合应用体系。目前这个方面的研究主要局限于:缺少综合性的分析模型,并不能对 BIM 参与建筑协同设计的最终协同效果进行综合评估和度量(这是研究的难点),这有待研究的进一步推进。

三、对设计要素系统整合的研究

国内外对设计要素系统整合的研究热点集中在 IPD(Integrated Project Delivery)上。AIA 认为 IPD 是一种系统整合方式和综合集成的项目交付方式,可以将项目参与者、建筑系统、建筑运作架构和其他建造活动集成为同一流程,在这种方式下,各个设计要素能够在全生命周期内得到充分整合,其通过协同可以获得最优的项目结果[29]。

IPD 的成功实践与精益建造密切相关,这部分的研究在 Seongkyun Cho、Ryan E. Smith、Yong -Woo Kim 等学者的研究中有较多开展,探讨了精益建造的关键技术(如并行工程、LPS 等)对 IPD 模式的影响[30-32];另外也有研究[33-34]证实了 BIM 对 IPD 获得更佳整体表现的影响,其技术可以解决 IPD 现有问题,提高 IPD 的实施效果[35],而且也是 IPD 模式实现高度协同的重要技术支撑[36-39]等。也有学者综合研究了 IPD 模式下精益建造关键技术与 BIM 的集成应用[40-41],构建了基于 BIM 和精益建造的 IPD 实施模式[42-43]。

然而,上述对设计要素系统整合的研究大多只是关注建筑项目的全过程,虽然建立了一个项目整体交付系统,整合了所有设计要素,但是几乎没有研究能够探索设计要素之间的多因素关联效应。因为这种关联效应是复杂的、动态的、有时也是矛盾的和相互制约的。如何在 IPD 的系统整合下,基于 BIM 和精益建造的关键技术协调设计要素之间的矛盾,发挥设计要素之间的协同作用,也是建筑协同设计的一个核心问题。现在为止国内外对此也都没有多少研究进展,虽然 Barben 用一个具体的案例说明了 BIM 在 IPD 中发挥的协同作用[44],但是对具体在什么环节采用什么解决策略、处理方法来保证建筑设计要素之间的协同以及其在建筑全过程的协同作用,尚未形成较为系统的理论。

综上所述,从以上三大方面的研究来看,虽然 BIM 和 IPD 在建筑协同设计领域的应用取得了一定的进展,但是在工业化住宅应用领域中对此探讨的较少,且仅有的应用只局限于住宅的建筑设计上,没有与工业化住宅全生命周期的协同设计进行结合,更没有系统的研究成果。这有待 BIM 和 IPD 两方面的研究与工业化住宅的研究进一步交叉融合。因此,本书研究力求以协同理论为指导,采用 BIM 技术和 IPD 模式为双核心,综合多学科,运用多方法进行相互论证研究,弥补单一研究方式和方法的不足。

第三节　研究内容

(1) 厘清工业化住宅发展的瓶颈——协同设计的必要性

首先,通过对工业化住宅从起源到现在的发展脉络的梳理,分清现有主流工业化住宅设计模式与传统设计模式的区别;其次,对比建筑业和先进制造业的差别,找到与其之间的差距,并借鉴制造业(尤其是汽车、飞机、轮船等)的相关核心技术,解决工业化住宅发展的瓶颈——运用协同设计的思想和方法解决现有的工业化住宅设计模式碰到的问题;最后,通过文献研究,整理工业化住宅协同设计的理论基础——"协同学"和在此基础上发展形成的协同设计思想,并明确工业化住宅协同设计的关键支撑技术。

(2) 找出工业化住宅协同设计的关键要素

主要通过检验专家学者的观点来明确工业化住宅协同设计的关键要素:通过对建筑学主流期刊杂志上文献的考察分析,邀请部分国内专注于研究工业化住宅的专家学者和国内排名靠前的工业化住宅发展商(如万科)、工业化住宅部品生产商(如远大住工)和部分专攻工业化住宅的设计院(如长江都市设计院),在其中发放调查问卷;收集齐调查问卷后,运用SPSS(Statistical Product and Service Solutions,统计产品与服务解决方案)软件等分析工具对数据进行分析,运用 ANOVA (Analysis of Variance,方差分析)明晰变量之间的关系,明确工业化住宅协同设计的关键要素,并对之进行重要性排序,作为下一步研究的重点方向。

(3) 明确工业化住宅协同设计的技术支撑工具及平台

最初,通过大量的文献研究,确定 BIM 是解决工业化住宅协同设计的一种行之有效的工具,建立了工业化住宅协同设计的技术支撑平台;其次,综合文献研究的结论,针对协同设计的特点,对 BIM 的若干个关键点进行协同影响的关联排序,在此基础上,整合出 BIM 在工业化住宅协同设计中的工作流,建立适合工业化住宅协同设计的 BIM 框架和流程;然后,通过对市面上主流的几款 BIM 软件(如 REVIT 和 ARCHICAD 等)进行研究分析和对比,针对面向协同设计的目的,对其协同设计的有效性和便捷性进行排序,力图找到既适合中国工业化住宅,又适合协同设计的BIM 软件作为研究的技术支撑工具。

(4) 探讨工业化住宅协同设计目标冲突的消解方法

首先分析工业化住宅协同设计冲突产生的原因,总结归纳工业化住宅协同设计冲突产生的特点,并对之进行分类,为下一步提出有针对性的解决策略提供理论基础。其次提出基于 BIM 软件的冲突检测方法。通过对几种国内外碰撞软件的分析研究,总结出工业化住宅协同设计冲突检测的具体操作方法。最后总结基于 BIM 技术的冲突消解方法,针对不同类型的冲突,分别探讨有针对性的基于 BIM 的冲突消解方法,以期解决工业化住宅协同设计过程中的冲突等具体问题。

(5) 构建工业化住宅部品 BIM 模型库

首先对工业化住宅部品的概念及其特征进行辨析,分析工业化住宅的发展中在部品构件方面遇到的问题,尤其是与协同设计层面产生冲突的原因,然后通过文献整理与分析,提出工业化住宅部品构建 BIM 模型库在协同设计方面将产生的优势与帮助,明确构建部品 BIM 模型库的意义和必要性,为 BIM 模型库的构建奠定理论依据。其次借鉴 BIM 软件 Autodesk REVIT 中"族"的概念与制造业 PDM 中"零件"的概念,将构建原则明确为"模块信息化原则""通用系列化原则""信息标准化原则"三个方面,然后通过每一个层面的展开和深入,总结出工业化住宅部品 BIM 模型库的详细构建原则,最后总结出标准化的工业化住宅部品 BIM 模型库的构建流程。

（6）基于 BIM 和 IPD 的工业化住宅协同设计的系统整合

首先，在上述五部分的研究基础上，对 IPD 模式进行引介，指出其可以改变传统项目交付模式的弊端，为工业化住宅全生命周期的协同奠定基础；其次，构建 BIM 功能与 IPD 特征的关系矩阵，发掘 BIM 与 IPD 之间的相互关系；最后，构建基于 BIM 和 IPD 的工业化住宅协同设计系统整合模式，解决工业化住宅全生命周期的协同设计问题，并作为整合工业化住宅协同设计的系统工具。

第四节　研究目标

本研究试图解决在信息技术巨大变革时期工业化住宅开发迫切需要解决的问题——如何利用建筑信息模型工具和基于信息技术的协同设计模式，提高工业化住宅开发过程中的综合运行效率，实现住宅建设信息化、工业化、产业化发展的需求？本研究将探索工业化住宅发展的瓶颈，论述协同设计的必要性，厘清工业化住宅协同设计的关键要素，并通过对工业化住宅协同设计实现的技术基础的综合探索与归纳，力图帮助建立适合我国国情的工业化住宅的发展和设计策略——构建基于 BIM 技术和 IPD 模式为双核心的工业化住宅协同设计的系统整合模式，并最终明确基于 BIM 的工业化住宅协同设计的应用方法。

第五节　拟解决的关键科学问题

（1）用定量的方法调查工业化住宅协同设计关键要素的认知

从以往的文献里提取影响工业化住宅协同设计的关键要素，通过与专家访谈，对关键要素进行精炼，最终选择若干个关键要素；用调查问卷的方式搜集关键要素的基础数据，利用滚雪球法扩大基础数据的来源；运用 SPSS 软件等分析工具对数据进行分析，运用 ANOVA 明晰变量之间的关系，明确工业化住宅协同设计的关键要素及其重要性排序。

（2）建立工业化住宅协同设计的技术支撑基础

通过对 BIM 文献的综合性分析，探索其对工业化住宅协同设计的作用和方法，使之更符合协同设计的实际情况。首先，研究工作的展开将探索 BIM 关键点影响协同的关联排序，整合 BIM 在工业化住宅协同设计中的工作流，从而建立适合工业化住宅协同设计的 BIM 框架和流程；其次，筛选出对于协同设计方面比较有优势的代表性软件；同时，建立基于 BIM 软件的工业化住宅协同设计目标冲突的消解方法；最后，构建面向协同设计的工业化住宅部品 BIM 模型库。上述几点最终将整合为工业化住宅协同设计的技术支撑基础平台。

（3）建立基于 BIM 和 IPD 的工业化住宅协同设计的系统整合模式

探索 BIM 和 IPD 模式在工业化住宅中运用的可能性、特点和规律，研究三者之间通过何种组合方式可以产生对协同设计的影响最大化，提出 BIM 在工业化住宅 IPD 各阶段的协同设计应用模型，并探索在此基础上的基于 BIM 和 IPD 的工业化住宅协同设计的系统整合模式，作为宏观系统策略回应本研究的初始疑问。

第六节　研究方案

本项研究以文献研究、案例分析、理论移植、学科交叉、问卷调查、定量分析、定性分析、软件分析以及演绎推理等相结合的方式进行研究路线设计，实现对研究问题的理论演绎和策略研究。根据研究内容可分为以下几个步骤：

1. 厘清工业化住宅发展的瓶颈——协同设计的必要性

（1）文献研究：对国内外工业化住宅相关文献进行充分阅读和吸收，主要聚焦于工业化住宅历史脉络、设计模式、发展局限等方面，找到工业化住宅设计模式与传统住宅设计模式的区别。

（2）学科交叉：对先进制造业和建筑业进行比较研究，找到它们之间的差距，运用高端制造业的理论方法解决建筑业的问题。

（3）理论移植：通过大量文献分析，将"协同学"的理论移植到建筑业，将协同设计与协同科学的有关理论与工业化住宅相结合，进行交叉研究，开阔建筑学的视野，为工业化住宅的发展提供一些新的启示。

2. 找出工业化住宅协同设计的关键要素

（1）问卷调查：在文献搜索的基础上，有针对性地在工业化住宅各类参与者中，发放大量关于工业化住宅协同设计关键要素的调查问卷，同时利用滚雪球法扩大基础数据的来源。

（2）定量与定性分析：首先运用 SPSS 软件等分析工具对数据进行分析，运用 ANOVA 明晰关键要素之间的关系；其次用模糊集合（fuzzy set）等一系列公式，得出关键要素之间的隶属程度；采用 λ 割集法（λ-cut set approach），得出几个关键要素，判断其是否属于合理范畴；最后根据关键要素的重要程度进行排序。

3. 构建工业化住宅协同设计的技术支撑工具及平台

（1）文献与案例分析：对典型案例的 BIM 利用体系和特征进行分析，分析 BIM 与协同设计的对应关系。注重对 BIM 利用体系的科学性描述，关注其协作、并行、更新等特征，从而建立其对协同设计的有效性基础。

（2）演绎推理：在上述分析的基础上，总结归纳 BIM 的若干个关键点进行协同影响的关联排序，整合推理出 BIM 在工业化住宅协同设计中的工作流，建立适合工业化住宅协同设计的 BIM 框架和流程。

（3）软件分析：整理筛选出最适合工业化住宅协同设计模式的 BIM 软件，对其进行总结归纳。

4. 明确工业化住宅协同设计目标冲突的消解方法

（1）文献研究：对工业化住宅协同设计目标冲突的相关文献进行充分阅读和吸收，辅助以调查访谈，找到目标冲突的分类与出现节点。

（2）软件分析：用 BIM 软件模拟检测冲突，并对冲突消解的软件处理方法进行总结归纳。

5. 构建工业化住宅部品 BIM 模型库

（1）文献研究：分析工业化住宅的发展中在部品构件方面遇到的问题，尤其是与协同设计层面产生冲突的原因，然后通过文献整理与分析，提出工业化住宅部品构建 BIM 模型库在协同设计方面将产生的优势与帮助，明确构建部品 BIM 模型库的意义和必要性，为 BIM 模型库的构建奠定理论依据。

（2）理论移植：明确该阶段的研究方法为技术移植，即借鉴 BIM 软件 Autodesk REVIT 中"族"的概念与制造业 PDM 中"零件"的概念，将构建原则明确为模块信息化原则、通用系列化原则、信息标准化原则三个方面,然后通过每一个层面的展开和深入,总结出工业化住宅部品 BIM 模型库的详细构建原则。

6. 基于 BIM 和 IPD 的工业化住宅协同设计的系统整合

(1)文献研究:对 IPD 相关文献进行充分阅读和吸收,找到 IPD 模式与传统项目交付模式的区别,明确 IPD 的特征,为构建 BIM 功能与 IPD 特征的关系矩阵奠定理论基础。

(2)演绎推理:在前面所有研究的基础上,梳理关系矩阵里的关系点,总结归纳 BIM 在工业化住宅各环节的协同应用,梳理 BIM、IPD 与工业化住宅的协同设计模式,发展 BIM 在工业化住宅 IPD 各阶段的协同设计策略和协同应用方法,最终建立基于 BIM 技术和 IPD 模式为双核心的工业化住宅协同设计的系统整合模式。

第七节 研究的技术路线图

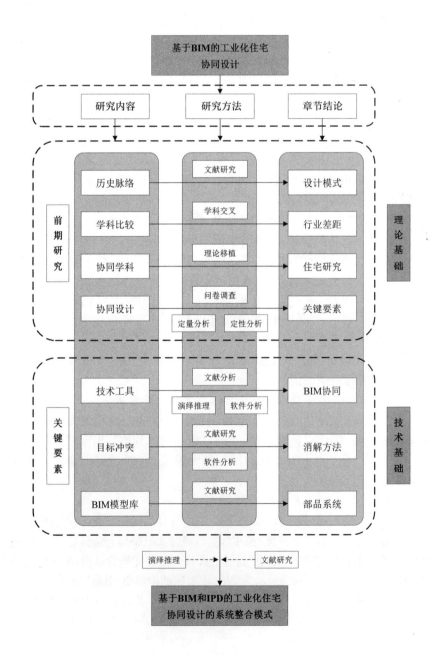

第八节 研究的关键技术

（1）问卷调查技术

该技术主要用来通过检验专家学者的观点，来明确工业化住宅协同设计的关键要素问题。研究主要集中在共性问题上，运用代表性样本来得到推断和结论，而非研究者的直接参与。因为这项研究主要关注的是范畴而非数据的深度。具体技术环节主要分为以下几步：① 从以往的文献里提取关键要素；② 通过专家访谈，对关键要素进行精炼；③ 最终选择若干个关键要素纳入调查问卷；④ 设计调查问卷，将问题分为两部分——背景调查及关键要素评级；⑤ 现场对受访者进行数据收集以及 E-mail 对问卷进行回收；⑥ 运用滚雪球法扩大调研数据范围。

（2）数据分析技术

该技术主要用来对工业化住宅协同设计的关键要素进行排序，确定下一步的研究重点。首先运用 SPSS 软件等分析工具对数据进行分析，通过 ANOVA 明晰关键要素之间的关系；其次用模糊集合（fuzzy set）等一系列公式，得出关键要素之间的隶属程度；采用 λ 割集方法（λ-cut set approach），得出几个关键要素，判断其是否属于合理范畴；最后根据关键要素的重要程度进行排序。

（3）软件分析技术

该技术主要运用于分析与模拟环节，验证得出的理论框架与方法是否可行。主要运用于两个环节：① 筛选整理出最适合工业化住宅协同设计模式的 BIM 软件；② 用 BIM 软件模拟检测冲突，并对冲突消解的软件处理方法进行总结归纳。以上两点需要熟练掌握相关的 BIM 软件。

（4）演绎推理技术

该技术主要用于结论生成部分。该技术是从一般性的前提出发，通过推导即"演绎"，得出具体陈述或个别结论的过程。演绎推理的逻辑形式对于理性的重要意义在于，它对人的思维保持严密性、一贯性有着不可替代的校正作用。它是由两个含有一个共同项的性质判断作前提，得出一个新的性质判断为结论的演绎推理。本研究采用演绎推理技术中的三段论模式，包含三个部分：大前提——已知的一般原理，即论文研究第一部分的工业化住宅协同设计的理论基础；小前提——所研究的特殊情况，即工业化住宅协同设计的技术基础部分；结论——根据一般原理，对特殊情况做出判断，最后总结归纳宏观、系统层面的工业化住宅协同设计的方法策略或模式。

（5）文献搜集及处理技术

文献搜集及处理技术指搜集、鉴别、整理文献，并通过对文献的研究形成对事实的科学认识的方法技术，在本研究中主要用于工业化住宅历史发展脉络、BIM 技术体系和模数协调部分。本研究主要重视以下两个环节：① 搜集渠道与方式——国内专业期刊（《建筑学报》《建筑师》《新建筑》《建筑技术》等）、国内数据库（CNKI 等）、国外文献［通过图书馆购买的 Science Direct 和 ASCE（美国土木工程师学会）数据库检索关键词]、互联网资源（譬如与协同设计相关的精益建造的网站 http://www.leanconstruction.org 和美国建筑师协会网站等）、个人交往[与欧洲几所研究 BIM 较著名的高校如苏黎世联邦理工大学（ETH）、埃因霍芬理工大学等研究机构建立联系]等；② 文献积累与处理——每一阶段，把手头积累到的文献做一些初步的整理，分门别类，以提高下一阶段搜集文献的指向性和效率。

第九节　研究的特色与创新之处

一、研究的特色

研究的构架基于多学科理论支撑（建筑设计、协同学、信息技术科学、精益建造等），采用多元的技术路线，即以文献研究、量化分析、软件模拟分析、逻辑论证分析为基本手段，对工业化住宅协同设计这个多元、动态和复杂的问题进行剖析。

二、研究的创新点

（1）运用学科交叉和理论移植的方法研究并解决工业化住宅的问题

研究通过对工业化住宅发展脉络文献的梳理，指出工业化住宅不同于传统住宅之处在于大部分部品可以工厂化生产，因此具备现代工业产品的特征（可以批量生产且实用性增强）。所以，从研究与之相关的高端制造业中得到启示，把协同学和计算机科学中的协同设计理论与方法用于提升工业化住宅设计的效率，在研究方法上是一个创新。

（2）首次厘清工业化住宅协同设计的关键要素及重要性排序

前人与本人的过往研究分别对影响工业化住宅协同设计的部分要素进行了研究，如有的学者进行过模数协调与工业化住宅的整体化设计的研究，但是这部分研究关注的只是工业化住宅的某一个关键要素，还未能厘清工业化住宅协同设计的所有关键要素，更未能对这些关键要素进行重要性排序，也未能运用定量与定性相结合的方法对该问题进行研究。

（3）选择 BIM 作为工业化住宅协同设计研究的切入点与技术工具

本书研究在整体上搭建了一个全面的基于 BIM 的工业化住宅协同设计技术平台，制定了一个可扩展的基于 BIM 的工业化住宅协同设计实施框架，并给出切实可行的实施路线。在总结工业化住宅协同设计冲突检测的具体操作方法的基础上，研究提出了基于 BIM 技术的工业化住宅协同设计的冲突消解方法，并明确了工业化住宅部品 BIM 模型库的构建原则与管理流程。这部分研究明确了 BIM 是工业化住宅协同设计的切入点和技术工具。

（4）从系统视角出发建立了工业化住宅协同设计的系统整合模式

之前的研究多是探索单纯的 BIM 技术和方法在工业化住宅中运用的可能性，过于微观，本书研究的最后部分从宏观系统的观点出发，通过对 IPD 模式的研究借鉴,试图在 BIM、IPD 和工业化住宅三者之间通过组合产生对协同设计的影响最大化,找出 BIM 在工业化住宅 IPD 各阶段的协同设计应用关系矩阵,并探索在此基础上的基于 BIM 和 IPD 的工业化住宅协同设计的系统整合模式,作为宏观系统策略解答工业化住宅信息化、产业化方面的问题。

注释

[1] 刘东卫,蒋洪彪,于磊. 中国住宅工业化发展及其技术演进[J]. 建筑学报,2012(4):10-18.

[2] Mao C,Shen Q, Pan W,et al. Major Barriers to Off-Site Construction:The Developer's Perspective in China [J]. Journal of Management in Engineering,2015,31(3).

[3] Sadafi N,Zain M F M, Jamil M. Adaptable Industrial Building System:Construction Industry Perspective [J]. Journal of Architectural Engineering,2012,18(2):140-147.

[4] Nahmens, Isabelina, Vishal B. Is Customization Fruitful in Industrialized Homebuilding Industry? [J]. Journal of Construction Engineering and Management,2011,137(12):1027-1035.

[5] Lou E C W, Kamar K A M. Industrialized Building Systems:Strategic Outlook for Manufactured Construction in Malaysia [J]. Journal of Architectural Engineering,2012,18(2):69-74.

[6] Jaganathan S,Nesan L J, Ibrahim R,et al. Integrated Design Approach for Improving Architectural Forms in Industrialized Building Systems [J]. Frontiers of Architectural Research,2013,2(4):377-386.

[7] 封浩,颜宏亮. 工业化住宅技术体系研究——基于"万科"装配整体式住宅设计[J]. 住宅科技,2009(8):33-38.

[8] 秦珩. 万科北京区域工业化住宅技术研究与探索实践[J]. 住宅产业,2011(06):25-32.

[9] 于春刚. 住宅产业化——钢结构住宅围护体系及发展策略研究[D]. 上海:同济大学,2006.

[10] 初明进,冯鹏,叶列平,等. 不同构造措施的冷弯薄壁型钢混凝土剪力墙抗剪性能试验研究[J]. 工程力学,2011,28(8):45-55.

[11] 高颖. 住宅产业化——住宅部品体系集成化技术及策略研究[D]. 上海:同济大学,2006.

[12] 刘思. 工业化住宅产品的市场发展战略研究[D]. 武汉:武汉理工大学,2006.

[13] 郭娟利. 整体卫生间的工业化产品设计方法研究——由太阳能十项全能竞赛引发的工业化产品设计思考[D]. 天津:天津大学,2010.

[14] 周晓红. 模数协调与工业化住宅的整体化设计[J]. 住宅产业,2011(6):51-53.

[15] 刘长春. 基于 SI 体系的工业化住宅模数协调应用研究[J]. 建筑科学,2011,27(7):59-62.

[16] Abel C. Seidler H. Houses and Interiors,1 & 2[M]. Melbourne :Images Publishing,2003.

[17] [美]克里斯·亚伯. 建筑·技术与方法[M].项琳斐,项瑾斐,译. 北京:中国建筑工业出版社,2009.

[18] Nawari N O. BIM Standard in Off-Site Construction [J]. Journal of Architectural Engineering,2012,18(2):107-113.

[19] Gann D M. Construction as a Manufacturing Process? Similarities and Differences between Industrialized Housing and Car Production in Japan [J]. Construction Management & Economics,1996,14(5):437-450.

[20] 盛铭. 基于信息论的建筑协同设计研究[D].上海:同济大学,2007.

[21] 李超. 工业化住宅建筑协同设计(空间)应用研究[D]. 北京:北京建筑工程学院,2008.

[22] Singh V,Gu N, Wang X. A Theoretical Framework of a BIM-based Multi-disciplinary Collaboration Platform [J]. Advanced Engineering Informatics,2011,20(2):134-144.

[23] 方睿. 数字化视野下的建筑与协同设计[D].上海:同济大学,2009.

[24] 毛勇. 基于 AutoCAD 实时协同设计平台的研究[D].成都:西南交通大学,2011.

[25] Kim H, Grobler F. Design Coordination in Building Information Modeling (BIM) Using Ontological Consistency Checking [C]//International Workshop on Computing in Civil Engineering,2009:410-420.

[26] Girmscheid G, Rinas T. A Tool for Automatically Tracking Object Changes in BIM to Assist Construction Managers in Coordinating and Managing Trades [J]. Journal of Architectural Engineering,2014(6):164-175.

[27] Kim C, Son H. Development of a System for Automated Schedule Update using 4D Building Information Model and 3D

Point Cloud[C]. In Computing in Civil Engineering,2013:757-764.

[28] Pikas E,Sacks R, Hazzan O. Building Information Modeling Education for Construction Engineering and Management. II: Procedures and Implementation Case Study [J]. Journal of Construction Engineering and Management,2013,139(11).

[29] The American Institute of Architects (AIA). Integrated Project Delivery:A Guide [OL]. (2007-9) [2014-05-15]. http: //www. aia. org/aiaucmp/groups/aia/documents/pdf/aiab083423. pdf

[30] Cho S, Ballard G. Last Planner and Integrated Project Delivery [J]. Lean Construction Journal 2011:67-78.

[31] Smith R E, Mossman A, Emmitt. Editorial:Lean and Integrated Project Delivery [J]. Lean Construction Journal 2011: 1-16.

[32] Kim Y W, Dossick C S. What Makes the Delivery of a Project Integrated? A Case Study of Children's Hospital,Bellevue, WA [J]. Lean Construction Journal 2011:53-66.

[33] Ilozor B D, Kelly D J. Building Information Modeling and Integrated Project Delivery in the Commercial Construction Industry:A Conceptual Study [J]. Journal of Engineering,Project,and Production Management,2012,2(1):23-36.

[34] 滕佳颖,吴贤国,翟海周,等. 基于 BIM 和多方合同的 IPD 协同管理框架[J]. 土木工程与管理学报,2013(02):80-84.

[35] Edmondson A C, Rashid F. Integrated Project Delivery at Autodesk,Inc [J]. Journal of Harvard Business School,2009 (9):29-37.

[36] 马智亮,马健坤. IPD 与 BIM 技术在其中的应用[J]. 土木建筑工程信息技术,2011(04):36-41.

[37] Mckew H. INTEGRATED-Project Delivery [J]. Journal of Engineered Systems,2009,26(1):108-118.

[38] Ghassemi R. Transitioning to Integrated Project Delivery:Potential Barriers and Lessons Learned [J]. Lean Construction Journal,2011(1):32-52.

[39] 陈沙龙. 基于 BIM 的建设项目 IPD 模式应用研究[D]. 重庆:重庆大学,2013.

[40] Sacks R, Dave B A, Koskela L. Analysis Framework for the Interaction between Lean Construction and Building Information Modelling[C]. In Proceedings for the 17th Annual Conference of the International Group for Lean Construction, 2009.

[41] 徐奇升,苏振民,金少军. IPD 模式下精益建造关键技术与 BIM 的集成应用[J]. 建筑经济,2012(05):90-93.

[42] Sacks R , Koskela L. Interaction of Lean and Building Information Modeling in Construction [J]. Construction Engineering and Management,2010(9):968-980.

[43] 包剑剑,苏振民,王先华. IPD 模式下基于 BIM 的精益建造实施研究[J]. 科技管理研究,2013(03):219-223.

[44] Barben B R. A Case Study for the Use of Integrated Project Delivery and Building Information Modeling for the Analysis and Design of the New York Times Building[D]. The Pennsylvania State University,2010.

第二章　工业化住宅协同设计转型

第一节　工业化住宅发展历程

一、问题导入——工业化住宅推广不佳

通常来说,由于工业化住宅的部品是在一个可控的环境下生产(图2-1),然后在现场建造时再组装,它被许多建筑界业内人士认为是推进建筑业再次腾飞的关键要素[1]。因此,已经有许多学者和企业开展了关于工业化住宅的设计、部品生产、建造方面的研究,认为其发展潜力非常大。例如,尽管有人认为工业化住宅的实现比用传统建造方法建造住宅要贵[2],但仍有许多研究表明,由于工业化住宅各种设计及建造技术的发展进步,其项目总成本是逐渐降低的。近期研究表明,工业化住宅对实现绿色建筑方面也具有非常大的积极作用和潜力[3]。

图2-1　工业化住宅部品生产工厂内景
图片来源:作者自摄

近几年,住宅的工业化程度在发达国家非常高,截至2010年,已达到了50%以上[4]。在国内,住建部已经主动开始提倡发展工业化住宅,以满足巨大的刚性住房需求。因此,不出意料的话,工业化住宅在中国也将成为住宅业的主流模式[5]。然而,尽管舆论一致认为工业化住宅在提高建筑质量、提升建造效率方面优势明显,但工业化住宅的推广仍举步维艰,在21世纪初的10年间,国内已完成的住宅项目中,只有不到10%的工业化住宅项目[6],甚至对国内最大的开发商之一万科集团来说,工业化住宅只占其项目比例的20%左右[7]。

迄今为止,关于阻碍工业化住宅在国内发展的研究非常少。因此,本章的研究目的在于找到阻碍工业化住宅发展的问题,并试图提出可行的解决策略。

二、国外工业化住宅发展概述

最初,工业化住宅起源于1950年代末期的日本,随后在欧洲和北美

被大规模推广。它的初始目标在于通过采用科学的方法，并合理地梳理建造过程以提高建造效率[8]。在不同的发达国家，工业化住宅经历了不同的发展历程。尽管在实现途径上有些差异，但工业化住宅仍形成了一些比较明确的特征——标准化[9]、预制化[10]和系统化[11]，这三个基础属性可以说准确地描述了工业化住宅的精髓：

- 标准化：这是工业化住宅实现部品工厂生产的先决条件。第二次世界大战后，"建筑模数协调"引起了欧洲和北美国家的重视。随后，在1960年代，联合国提出了"建筑模数协调"标准，首次建立了检测工业化住宅部品规格（如性能、结构、误差和组装）的标准。
- 预制化：主要是可以在现场组装的部品在工厂里实现预制。这可以加快施工现场建造速度并降低建造费用。这些部品一般分为两种类型——忽略具体设计的工厂中的标准件以及针对具体设计的定制件。
- 系统化：主要指部品的工厂生产工序要和现场组装技术达成系统化。系统化依赖建筑师、工程师和生产商之间达成协同的方案。例如，20世纪70年代，北美就出现了超过100个以上的模数化部品工厂，它们与设计师们共同实现了一个整合的从设计到生产的组织[12]。

图 2-2　日本的工业化住宅建造实例

图片来源：《住区》杂志 2008 年 06 期

上述的三个基础属性中，前两个是更具普遍意义的。以日本的工业化住宅为例，其发展始于住房的急剧性增长，结果导致施工技术人员以及熟练工人奇缺。为了简化现场建造流程、改进建筑质量、提高建设效率，日本的住宅发展商把许多建筑构件部品化、标准化并预制化，满足了大规模生产的要求，所以他们在这段时间内建造了大量的预制工业化住宅[13]。因此，这一时期的主要建筑形式不仅只有大板体系，还包括了箱式体系和模块化体系（图 2-2）。另外，在 20 世纪七八十年代，一些日本大型的建设集团（图 2-3），均开拓了工业化住宅的市场，这明显地促进了那一时期的工业化住宅的进一步成熟。到 20 世纪 90 年代，工业化住宅已经占到了日本住宅总量的25%～28%，且有一千多个住宅部品获得了"优秀住宅部品"的认证。

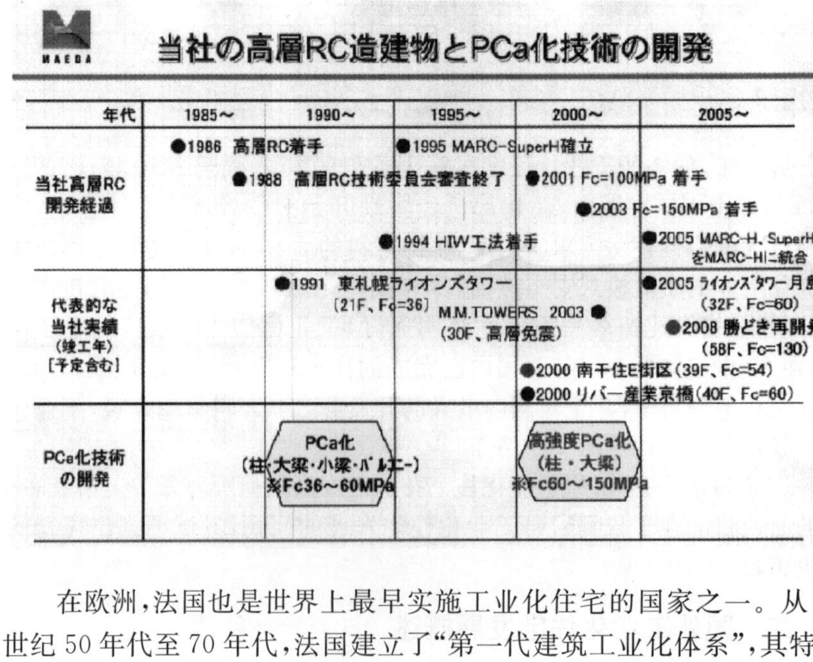

	MAEDA	当社の高層RC造建物とPCa化技術の開発			
年代	1985～	1990～	1995～	2000～	2005～
当社高層RC開発経過	●1986 高層RC着手	●1988 高層RC技術委員会審査終了	●1995 MARC-SuperH確立 ●1994 HIW工法着手	●2001 Fc=100MPa 着手 ●2003 Fc=150MPa 着手	●2005 MARC-H、SuperH をMARC-Hに統合
代表的な当社実績（竣工年）[予定含む]		●1991 東札幌ライオンズタワー [21F、Fc=36]	M.M.TOWERS 2003 ● [30F、高層免震] ●2000 南干住E街区[39F、Fc=54] ●2000 リバー産業京橋[40F、Fc=60]		●2005 ライオンズタワー月島 [32F、Fc=60] ●2008 勝どき再開発 [58F、Fc=130]
PCa化技術の開発			PCa化 （柱・大梁・小梁・バルコ二ー） Fc36～60MPa	高強度PCa化 （柱・大梁） Fc60～150MPa	

图 2-3　日本前田建设的工业化住宅技术开发历程

图片来源：《住区》杂志 2008 年 06 期

在欧洲，法国也是世界上最早实施工业化住宅的国家之一。从 20世纪 50 年代至 70 年代，法国建立了"第一代建筑工业化体系"，其特征是完全由预制面板和工具模板在现场组装[14]。为了满足日益增长的住宅市场的需求,20 世纪 70 年代法国又建立了"第二代建筑工业化体系",它是在第一代体系的基础上,转型发展到了住宅部品化阶段。图 2-4 为这一时期的法国工业化住宅中 DM73 样板住宅实例,其基本单元为 L 形,设备管井位于中央,基本单元可以加上附加模块 A 或 B,并采用石膏板隔墙灵活分隔室内空间,这样可以灵活组成 1~7 室户,不同楼层之间也可以根据业主需求灵活布置。规划总平面中,这些基本单元可以组合成 5~15 层的板式、锯齿式、转角式的建筑,或者 5~21 层的点式建筑,或者低层的联排式住宅。主体结构为工具式大型组合模板现浇。其后在 90 年代,欧洲的住宅达到了很高的工业化预制水平[15],据报道,丹麦的工业化预制率为 43%,荷兰为 40%,瑞典和德国达到了 31%。

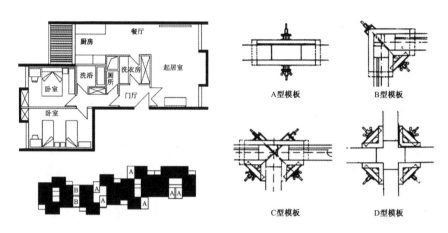

图 2-4 法国 DM73 工业化住宅实例及其节点模板示意图
图片来源:《住区》杂志 2008 年 05 期

在北美,工业化住宅则更为普遍,主要是因为这一地区的"标准化"和"系统化"程度非常先进。和欧洲大规模采用预制方法不同的是,由于北美住宅业受第二次世界大战影响较小,其住宅类型更为个性化和多样化,大部分郊区住宅是低层木结构(图 2-5),并由设计师充分调整以满足业主的个人品位和要求。市场主要提供标准化的材料、部品和住宅的其他部件,然后业主自己或者承建商再自行购买并组装这些标准化、系列化的住宅部品[16]。

图 2-5 美国工业化住宅实例
图片来源:《住区》杂志 2008 年 05 期

除了日本以外,亚洲的很多国家,如新加坡也在 20 世纪 80 年代初期引入了工业化住宅的理念,并由当地和海外的开发商、承建商等共同发展了一些预制化体系[17]。如图 2-6 是新加坡工业化住宅施工现场及部品运输。在亚洲,马来西亚的工业化住宅发展也是非常有特点的,许多研究文献均提到了这一点。马来西亚建筑业发展局(Construction Industry Development Board,CIDB)将工业化住宅定义如下:部品在环境可控的工厂生产、运输并安放在现场,然后用最小的现场施工代价组装到结构上的住宅建设,可称之为工业化住宅[18]。这被认为是在国家层面对马来西亚住宅短缺问题的回应。自从 2003 年开始,政府颁布了一系列的法规计划以促进工业化住宅的发展,譬如政府要求在所有的政府项目中,工业化住宅部品的利用率必须超过70%[19]。

图2-6 新加坡工业化住宅施工现场及部品运输
图片来源:南京长江都市建筑设计股份有限公司

三、国内工业化住宅发展概述

国内的工业化住宅发展经历了漫长而复杂的三个阶段:

(1)初始发展阶段:1950年代至1970年代

国内对工业化住宅的发展始于对预制混凝土结构的研究,最早可追溯至20世纪50年代。然而,在20世纪70年代早期,国内才开始尝试运用预制住宅技术——主要是从苏联学习的大板建筑技术[20]。图2-7是在那一时期建造的工业化住宅实例及其现场施工布置图。运用这种建筑技术,苏联的中央建设机构制订了一些标准化建筑设计模式以满足整个流程——首先针对大规模的住宅项目制订标准设计方法,其次将预制混凝土部品在工厂大规模生产,最后再把这些部品运用在一系列开工建设的公寓中[21]。

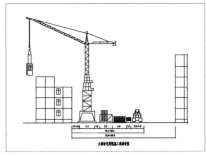

图2-7 大板住宅实例及其施工现场布置图
图片来源:"AC建筑创作"公众号:"BIAD人物与中国现代建筑史"专栏《中国现代建筑史上的"失踪者"——李滢,国产化装配式建筑研究人》

在这一阶段中,政府提出了"三个转型"——设计标准化转型、部品工厂化生产转型、建造机械化和墙体改革转型,目的在于将其作为驱动,最终实现高质量、高效率和低成本的工业化目标[22]。然而,那一时期的大板体系方法出现了一系列的问题。除了抗震效果差以外,这种体系下建设的住宅由于结构密封性差,在施工完成后两到三年,外墙经常出现接缝渗漏问题。此外,在热工性能和隔声措施上的欠缺考虑,也给住户带来了许多不便[23]。因此,这一时期的工业化住宅探索可以说是不成功的。

(2)恢复发展阶段:1980年代至2000年代早期

在20世纪80年代中期,政府开始提倡大规模的住宅发展。为了满足日益增长的需求,工业化的理念再一次被提起,最终激发了80年代末期"工业化住宅"的引入[24]。然而,90年代住宅建设进入黄金发展期时,工业化住宅的建设再一次停滞不前。这一时期住宅开发的成功与否,主要依赖于开发商获得土地和资金的能力,而非技术的革新运用,这再一次导致了工业化住宅技术丧失了革新进步的良好契机。

1995年后,在吸取了国内外发展教训的基础上,政策制定者和相关的从业人员开始意识到工业化住宅在住宅建设方面发挥的重要性[25]。1998年,国内成立了建设部工业化促进中心。1999年,国务院办公厅以国办发〔1999〕72号文件转发了建设部等八个部门的《关于推进住宅产业现代化提高住宅质量的若干意见》。随后,在日本国际协力机构[26]专家的协助下,日本许多成熟的工业化方法和技术性的标准文件逐渐被引介至国内[27]。在这些积极的举措下,国内最终制定了《住宅性能认定体系》。

（3）扩张发展阶段:2000年代至今

2000年代中期后,随着国家经济的快速可持续发展,劳动力成本不断增加以及对环境保护和能源节约的需求也不断上升,均直接或间接地促进了对工业化住宅的发展利用。政府建立了一系列工业化住宅标准,并初步建立了工业化住宅材料和标准生产体系,这些都为工业化住宅的实践提供了技术支撑。特别是许多大型房地产开发商和建设集团,如万科集团和南通建筑工程总承包有限公司等,也开始进入工业化住宅建设的市场。2005年,万科集团北京公司的"装配式剪力墙结构体系"在工程中成功应用(图2-8)。随后,南通建筑工程总承包有限公司也引入了创新的"全预制装配整体式剪力墙结构(NPC)体系"并在示范工程中推广应用[28]。另外,也涌现了一批其他工业化住宅体系,像西伟德混凝土预制件(合肥)有限公司的"叠合板装配整体式混凝土结构体系"、黑龙江宇辉建设集团的"预制装配整体式混凝土剪力墙结构体系"、台湾润泰集团的"预制装配式框架结构"等,均有过成功的实践项目支撑。

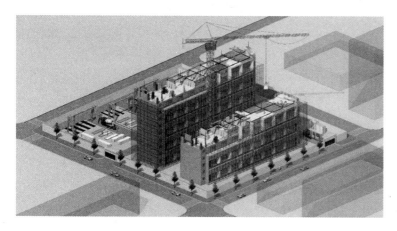

图 2-8　万科模拟的工业化集合住宅建造场景

图片来源:《住区》杂志 2009 年 01 期

上述工业化技术的引介和发展,可以用万科集团过去十年的发展历程来做进一步阐述总结[29]:

● 早在 2003 年,通过引进并制定一系列内部控制标准,如"万科住宅标准化"和"万科住宅性能标准",万科集团就发起了住宅标准化运动。这些标准不仅使集团内部开发的多层、中高层公寓、花园洋房和居住片区的构成标准化,而且为发展标准化部品的研发工作做了许多贡献,为推动万科标准化部品库打下良好基础。

● 2004 年,在标准化工厂生产的基础上,万科集团开始执行他们的工业化住宅系统,并在广东东莞建立了一个工厂生产中心。这个工作进一步推进了万科工业化住宅品牌的研发。

● 2007 年,万科集团建造了 15 万 m² 的工业化住宅项目。

● 2008 年,万科开始了 9 个工业化住宅项目的施工建设,完成了超过 60 万 m² 的项目。

● 从 2009 年至今,万科集团在许多一二线城市继续着它们的工业化住宅项目,并为大规模工业化住宅建设积累了成熟的技术、充足的资源和人员。据初步预测,他们今后每年至少将建造超过 120 万 m² 的工业化住宅项目。

过去的 25 年间,中国的城市经历了快速城市化进程,城市化率从1978 年的 17.4% 激增至 2011 年的 51.3%。建筑行业虽然发展迅猛,但也产生了许多问题,譬如生产效率低、环境破坏大。传统建造方式属于劳动密集型生产方式,在施工现场需要耗费大量的人力资源,而与之对比明显的是,工业化住宅的建造方式是部品生产高度机械化,施工现场所需的劳动力锐减。最近劳动力的短缺对建筑业和制造业的冲击较大,导致了可以熟练掌握传统建造方式的工人急缺,因此致使项目工期进展得不到保障,而这一问题的解决恰恰是工业化住宅建造方式的强项——部品工厂生产机械化、现场拼装工艺简单、工期可控性强[30]。劳动力短缺的情形短期内不会得到改善,因此,工业化住宅在面对这一挑战时充满了优势,所以我国政府开始积极地在全国范围内大力推广工业化住宅的实施。然而,国内的研究机构和房地产开发商对工业化住宅的关注还不够,采用工业化的方法建造起来的住宅仍是少数[31]。这一原因是较为复杂的,也是本章后续研究想要探索清晰的主要问题。

第二节　阻碍工业化住宅发展的原因分析

工业化住宅的优点在之前的许多研究中已经得到了验证,通过对文献的梳理研究,将工业化住宅建造模式与传统住宅建造模式的区别进行总结归纳,见表 2-1;将阻碍工业化住宅发展的问题也进行总结归纳,见表2-2。

表 2-1　工业化住宅与传统住宅建造模式的区别

环节	工业化住宅建造模式	传统住宅建造模式	文献来源 (具体文献见本章后)
质量控制	质量控制水平高	质量控制水平低	Ji Yingbo, 2010
场地安全	场地安全度高	场地安全度低	钟志强, 2011
绿色建造	建造方式可持续(场地污染少)	建造方式粗放(场地垃圾多)	钟志强, 2011
建设工期	建设工期短	建设工期长	Chen Y, et al. , 2010 钟志强, 2011
成本造价	节省成本	成本较高	Ji Yingbo, 2010; 纪颖波和王松, 2010
施工精度	施工精度高	施工精度低	Tam C M, et al. , 2007
场地物流	现场材料堆放空间要求低	现场材料堆放空间要求高	钟志强, 2011
政策支持	政府推广激励措施多	政府推广激励措施少	Tam C M, et al. , 2007
施工管理	施工管理有效性高(项目效率和劳动力效率高)	施工管理有效性低(项目效率和劳动力效率低)	Ji Yingbo, 2010; Chen Y, et al. , 2010
环境影响	受环境影响小	受环境影响大	Chiang Y, et al. , 2006

表 2-2　阻碍工业化住宅推广实施的典型问题

环节	具体问题	文献来源 （具体文献见本章后）
运输物流	工业化住宅部品较大较重,需要定制的交通工具运输	Chiang Y, et al. ,2006
建筑形态	工业化住宅的外观单一、缺乏美观	李佳莹,2010
人力资源	缺乏熟练的工业化住宅施工工人	Jaillon & Poon,2009
施工场地	工业化住宅部品现场安放需要较大的场地	Tam C M, et al. ,2007
现场组装	部品组装时,垂直起吊的要求比传统建造模式高,缺乏起重能力大的起重设备	Jaillon & Poon,2009
建造成本	工业化住宅的初始成本高	Jaillon & Poon,2009; Tam C M, et al. ,2007
施工现场	缺乏较大的现场装配场地	Jaillon & Poon,2009
建筑设计	设计环节缺乏灵活性	Jaillon & Poon,2014; 张桦,2014
部品生产	缺乏标准化部品生产商	Jaillon & Poon,2009; 郭戈,2009

从上面两个表格可以看出,虽然相对传统的住宅建造模式来说,工业化住宅存在着非常巨大的优势,但是其推广依然遇到了很强的阻力。

从宏观层面来看,缺乏工业化住宅产业联盟,没有形成从设计、部品生产、施工组装到运营管理这个建筑全生命周期的各行业协同开发模式。以推广工业化住宅较好的"远大住工"为例,其技术支撑可以做到 19 天盖一栋 57 层高的超高层,但是,其主要是通过集团自身力量完成从设计到部品生产到施工全过程,没有与其他企业密切配合,不符合现代商业模式中社会分工的模式[32]。

从中观层面来看,具体的开发模式仍未摆脱传统住宅的成熟套路,工业化住宅的研发与建筑行业一样,对先进技术的敏感度与接纳度太低。21 世纪初期是信息化浪潮席卷各行各业的时期,以制造业为例,其中的巨头丰田汽车公司和波音公司便是通过信息模型设计技术提高生产效率,为商业上的成功奠定了扎实基础,创造了企业神话。但是建筑业对信息化技术的投入非常不足。工业化住宅作为一种先进的住宅开发理念,对以信息化为基础的技术运用得也不够,导致在微观层面的许多环节如设计环节也缺乏灵活性。

从微观层面来看,现有的工业化住宅技术只重视结构体系,结构技术的发展非常多元化且成熟度较高,其他专业没有与它的发展相匹配,导致了在设计、生产、物流和施工环节的进展滞后,对工业化住宅的总体开发进度、生产效率和总成本带来较大负面影响,因而在一定层面上也阻碍了工业化住宅的推广。另外,工业化住宅也缺乏从设计视角出发的研究。同样以制造业为例,其成功的源头始于对设计的重视——设计环节已经超越传统意义上的理解,主要依赖信息技术并通过设计来整合产品开发生产的全过程。信息技术应用在制造业的设计环节中,如产品工业设计、汽车设计、飞机设计等,已经带来了巨大的效率提升与进步。因此,需要从工业化住宅的设计环节开始,就重视信息技术的运用。

如上所述,总体上来说,工业化住宅的研发与推广,仍然缺乏先进技术支撑,尤其是设计模式上,还没有摆脱传统住宅发展模式的束缚。因此,工业化住宅的研发需要巨大变革。变革的思路可借鉴拥有先进技术的高端制造业,如汽车设计、飞机设计等领域,以期找到适合工业化住宅的发展理念与适宜技术支撑,这将有助于工业化住宅生产效率的进一步提升。

第三节 向制造业学习——工业化住宅协同设计转型

一、制造业中产品的发展变革

在制造领域,流程设计师们取得了巨大成功,汽车、飞机、轮船的设计取得了难以置信的巨大进步,然而在建筑业中,建筑师的地位却在不断下降。这是因为建筑师仍然只关注建筑的外表,而造成了建筑业生产力的低下。

从历史角度来看,这归因于人类社会发展的典型特征,即科学与技术革新的速度远远超过文化变革的速度。主要的科学与技术突破同时带来了新的思维方式,新思想最终被纳入主流文化,进而成为下一轮改革的新障碍。建筑在大众的文化价值观和行为习性中根深蒂固,对影响到这种价值观和习性的技术变革异常抗拒[33]。

正如斯蒂芬·基兰和詹姆斯·廷伯莱克在《再造建筑:如何用制造业的方法改造建筑业》一书中所说:"建筑工业中职业的思维习惯和既有的等级偏见,也进一步阻碍了人们接受新的工作方法。尽管所有戏剧化的社会变革已经在20世纪上演,建筑师仍然倾向于根本上把自己当成形式的创造者,而不是设计与生产团队中普通的一员,以显示自身与其他职业和阶层的区别。"这种观念得到了学院派倾向的教育体系的极力推崇。除非建筑师也学会掌握新的生产方式,否则他们不太可能充分利用新兴的事物创造出更有反响的建筑[34]。

相反,在制造业中,产品流程设计师早已超越外表深入到制造的本质,他们颠覆了制造的时间、成本与产品的范围、质量之间的关系。这一关系是由制造的技术工艺决定的。通过标准化的设计和生产流程生产出满足客户特殊需求且成本可接受的产品,以及如何提供经济实惠的产品是制造业革新的主要特点[35]。得益于可互换零件的诞生,造船、汽车制造等制造工厂中生产力都得到了大幅提升,生产成本则得到节约。从图2-9中可以看出,汽车制造业的进步与建筑业的止步不前。

因此,要促进住宅工业的生产力的提高和发展,建筑界就应该更多地向制造业学习,了解其发展的特点和规律。制造业并不是从一开始就像现在这样风光无限,也是经历了数个阶段才发展至此[36]:

（1）第一个阶段是少量定制

在少量定制阶段,每生产一件产品,都可以称得上是定制产品,它是独一无二的,但是生产效率极其低下,劳动力成本非常高。

（2）第二个阶段是少量标准化生产

可互换零件对于制造业的第二个阶段来说至关重要。在可互换零件的生产过程中,部件会被分成不同的部件族,同族部件完全相同。以这种方法生产的部件比非标准流程生产的部件更便于组装成产品。这类部件

1900年,汽车的单件生产

1920年,汽车流水线

2003年,汽车的模块化生产

VS.

1900—2003年,建筑的单件生产

图2-9 汽车制造业与建筑业的对比

图片来源:《再造建筑:如何用制造业的方法改造建筑业》

至少在理论上适用于那些允许多样化的生产系统。

砖块是最常见的可互换零件。建筑工人们能够很方便地建造起房屋，因为他们知道用的每块砖（同一族的砖块）都是相同的。不同外形和尺寸的砖块生产并不复杂。砖块生产者可以从采用可互换标准中受益，从而使所有砖块生产者都愿意遵守同样的规则。很多其他种类的可互换零件，从螺母螺栓到汽车部件，都遵守类似的规则以保证兼容性。

另外，技术发展是采用新流程的另外一个因素。精加工部件（如钉、金属小齿轮）更加精确的工序也有助于标准化流程的实现。

（3）第三个阶段是大批量标准化生产

工厂使用了可互换零件系统，用于大规模制造标准产品。以福特最为经典的 T 系列车（图 2-10）为例，其特点是质量可靠但设计不够灵活，这些汽车的生产都奉行了亨利·福特的格言："客户只要拥有一辆黑色的车，想刷成什么颜色都行。"福特的工厂恪守大批量标准化的概念依靠流动生产线生产汽车。流动生产线将各个阶段完成后的汽车传送到固定工人面前，由工人将零件安装到一个基本车身或者车壳上，从而装配成制成品。

图 2-10 福特 T 系列车及其流水线
图片来源：http://www.ford.com/

T 系列车给汽车工业带来了腾飞，为了进一步降低成本，亨利·福特对于传统的生产方式进行了大胆的改变。传统的手工式生产已经不可能达到如此高的产量，1913 年他率先建立了一条流动的生产线，从一个零件开始到一辆整车，都在这条流水线上完成，大大提高了效率的生产方式一直延续到今天。尽管如此，一些评论家开始思考它将被什么替代。大批量标准化生产使用了可互换零件系统，但本质上不太灵活，它适合于生产相同的产品，如果生产不同的产品，效果就不太理想。

（4）第四个阶段是大批量定制

大批量定制有时也称作"精益生产"。精益生产被总结为"集合了手工生产和（不灵活的）大批量生产的优点，同时又避免了手工生产的高成本和大批量生产的单一化"。

以丰田为例，它的核心元素是将供需联系起来，根据用户需求调整产品类型。它有两大特点，一是自动传递生产环节数据，二是操作员直接干预不同环节的生产。丰田公司每一个基础车型通过变换关键部件（如发动机和驱动系统）、音响设备功能特性，甚至最基本的外观颜色，能衍生出无数种细分车型。丰田细分车型种类繁多，据估算，丰田公司每年生产的全部汽车中最多只有 5 辆具备相同的产品特性。也就是说，它生产的860 万辆汽车中包含 170 万种细分车型。这已经是一种极其高效率的生产方式了。

图 2-11　丰田公司的 TPS 体系

图片来源:丰田 TPS 手册

图 2-11 来自丰田 TPS(Toyota Production System,丰田精益生产系统)手册,这张图形象描写了 TPS/Lean Manufacturing/精益生产的逻辑。地基是设备可靠性(Stability＝可靠性),基础是平稳生产(Heijunka＝标准化＋Standardized Work＝标准化作业＋Kaizen＝持续改善),顶梁柱是 JIT 和 Jidoka,房顶是最终目的,即做到产品具有最高品质、最低价格、最快交付时间。

（5）第五个阶段是个性化量产

定制化量产指的是根据客户品位和需求生产产品。定制化量产和个性化量产的差别极其细微。例如,丰田生产方式无法为某一单独客户定制一款丰田车型,但是个性化量产就可以轻松做到。个性化量产和定制化量产的特点有许多重叠之处,只是个性化量产的特点更趋于极致。个性化量产适用于那些需要与众不同以满足个人特殊生理需求的产品。很明显,其对于工业化住宅这种特殊的产品或者商品来说,是非常吻合的。

二、基于制造业经验的工业化住宅"个性化量产"概念的提出

个性化量产是批量生产和客户定制混合而成的产物。它提出了一种新的建造流程,既使用自动化生产的技术,同时又能使制造出来的每一件产品都与之前批量生产制造出来的产品有所区别。今天,借助于信息管理工具,我们能够对个性化量产的全过程进行有效的控制和管理。格罗皮乌斯曾经的失败也证明,大批量生产的模式并不适用于住宅的开发建设,工业化住宅的开发建设要想有所突破,绝不能脱离现实的商业社会,也绝不能忽略住宅真正使用者的感受[37]。个性化量产的理念若能应用于工业化住宅的运作开发中,既能满足消费者彰显个性的需求,又能明显大幅度提升住宅产业中的生产力,在某种意义上也可以说是对柯布西耶当年在《走向新建筑》中提出的学习口号的螺旋式升级。

以往工业化住宅的基础是流水线式的大工业生产制造,而且常常忽略了不同的使用者对建筑的不同使用需求,以及不同的环境场地所提供的迥异的外部条件,所以落实到建造现场往往变成了粗陋平庸的预制板房。因此在不同建筑师们努力了大半个世纪之后,逐渐淡出了人们的视野。

而现在重提这一口号,是基于两点新的升级:一是制造业从批量制造向个性化量产的升级;二是制造业从线性流水线流程向非线性协同设计的升级。这两点升级都是基于一个共同的基础——信息化技术系统对复杂信息对象的操作管理方式的革命性突破[38]。

个性化量产使得新的材料、构件、设备系统有可能在保持高效生产的同时,灵活满足不同对象的多种需求;而非线性协同式的组件预制组装工序,则使得针对不同场地环境生成的设计,以及相应的建筑复杂系统,有可能通过组件分块、预制生产、现场拼装等技术和流程,在更短的时间以更低的成本获取更高的质量。

可以说,工业化住宅的部品生产组织和运作模式等均产生了面向"个性化量产"的转变,而隐藏在这种表面现象之后的设计思维理念和协同设计模式的转变则更加不容忽视。

三、工业化住宅设计模式转型——从线性走向协同

建筑物的建造方式几乎与汽车业在大批量生产方式发明以前的生产方式相同,在施工现场将一个个的构件进行组装。建筑业的革新在哪儿?

为什么大部分构件不能采用在工厂那种可控环境下生产出来的、那种集成化组建的形式?

——斯蒂芬·基兰和詹姆斯·廷伯莱克

1. 传统的住宅设计模式

以制造业为例,过去在复杂产品的生产中,设计决策的权利和责任大多是自上而下、分层划分的,形成了一个中央集权式的网络。大多数的制造过程也同样是分层级的,但与设计的顺序相反,它是自下而上的。通常是重力支配了制造过程物理上的先后顺序。无论是轮船、汽车、飞机还是建筑物,都是先从地面上做起,向上延伸形成框架,然后依次在已经矗立起来的框架中安装各种构件、披上围护。

上述建造过程和设计决策一样都是分层进行的。首先从地下部分开始,竖起整个框架,然后各种设备就在其中穿梭,从源头到布点最远的区域。最后,安装墙体,进行装修。尽管许多工序在时间上是有搭接的,某些工序刚结束,新的工序就已经开始了,但总体上实际的建造过程还是分层进行的[39]。

在建筑界,传统的设计模式也是一种简单的线性过程:从客户的委托,到建筑师的设计概念,再到客户的批示,工程师的加入,绘制详细的施工图,直到最后的出图,各个阶段是独立的,整个过程在建筑师的指挥下完成,如图 2-12 所示,不同专业之间鲜有沟通,而且这种沟通并非真正意义上的沟通,而是在分层制度下,一方受雇于另一方,担任某个特定的角色。传统的建造流程也大致如此,将一个建筑物的所有零部件都集中到施工现场,然后一件件地进行组装。这一流程会使得建筑师用一种极其零碎的思考方式进行建筑零部件的设计。

大多数复杂的设计和建造过程基本上还处于混沌的状态,正因如此,制造业的流程设计师在这方面取得了蓬勃的发展。

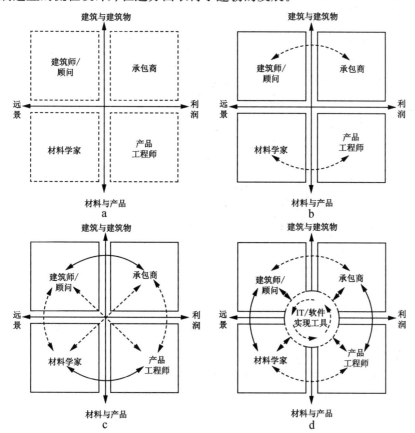

图 2-12 项目参与者之间交互方式的转变

图片来源:《再造建筑:如何用制造业的方法改造建筑业》

2. 制造业的协同设计模式

汽车业、造船业和飞机制造业(可以称之为集成式协同工作的行业)已经采用了新的集成化工具。这些工业已经证明了互联网和辅助软件的使用能够在提升质量和降低成本的同时,协同推进产品开发过程[40]。

汽车业、造船业和飞机制造业已经形成了协同的工作模式,即把所有的设计和生产活动协同地整合到一起。在一些大型企业,设计部门和生产部门已经不再作为一个独立的职能部门而存在。设计者和制造者同属于一个团队,共同解决遇到的问题。制造的流程也不再完全是线性的了。制造者参与到设计中,设计师参与到制造中。从一开始组装人员就与设计人员一起工作,制造成为设计流程的一部分;而设计人员则可以勾画出产品的制造过程、组装的顺序以及节点系统。这完全属于一种全新的工作模式——协同的工作模式。

在整个制造行业,协同技术正在发挥前所未有的作用。在19世纪和20世纪早期,相比之下只有一小部分技术发展促成了制造业的变化,包括蒸汽动力、金属加工、发电和化学。在21世纪,应用于制造业的技术数量大大增加,包括电气、网络、生物和激光技术等,以及这些主要领域的众多分支。协同技术被看作一套能够将不同领域(从医疗硬件到消费电子产品)的进步与创造更多种新产品和流程互相联系起来的思想[41]。

因此,协同技术是制造业的黏合剂。协同技术视为建立在多领域知识基础上的系统性资源,而不是个别概念的收集。事实上,在建筑界,也没有必要用某种固定的形式把设计和建造限制住。设计不必完全是自上而下的,建造也不必自下而上、按部就班地进行,可以把需要解决的问题分解成许多个小问题,既可以一个个单独解决,也可以把它们看作一个整体综合协同地来解决。

3. 工业化住宅协同设计模式的可能性与必要性

如今,在建筑界中,建筑师在交互式工具(一种专门生产通信/合作软件的全新行业,使得项目参与各方之间信息的实时共享成为了可能。这种即时通信使得在整个项目的进行过程中,每一个参与方都能了解并参与到其他参与方的活动中去)的帮助下使得上述这一切成为可能,这些交互式工具不是物理的、实体的,而是虚拟的,它们主要用于处理信息和通信。通过可视化和即时交互技术,一种新的协同流程已经建立,可以用最广泛的、可能的方式来解决各种问题。如图2-12-d所示,在信息技术的支持下,项目参与各方之间的信息实时共享成为可能。这种即时通信使得在整个项目的进行过程中,每一个参与方都能了解并参与到其他参与方的活动中去。

基于此,基于计算机网络协作的方式更像是"自组织系统",客户、顾问及建造商——即使遍布各地——都能够从最初阶段开始共同参与关键的设计与生产决策。

另外,现代制造业中技术水平的提升,也为工业化住宅的实施带来了超越传统的技术支持。计算机作为工具的支撑加上CAD/CAM技术,可以令工业化住宅从设计到制造到现场实施成为一个一体化连贯的过程。以CAD/CAM技术为例,利用其独特的技术优势,完全可以实现工业化住宅部品的"个性化量产",即只生产定制的住宅构件部品,消耗的时间与成本却基本等同于批量生产。这种技术有效提升了工业化住宅研发的效率和水平,但其必须在协同设计思想的统一规划下,合理地安排中间的每一个复杂环节,才能更有效地提升工业化住宅的品质与建设效率[42]。

在这个复杂的不可预知的过程中,起到关键作用的是"建筑信息模型"(BIM),它的功能既是一个试验平台也是一个交流的媒介,迅速为每个项目参与者反映出他们建议之后的效果。与网络自身一样,参与思考的过程更像是类似的协同思维而不是线性的逻辑思维,它鼓励参与者跨越专业和技术的界限,从而建立起新的联系[43]。

因此,协同的工作模式意味着从设计进程的开始到最后完成,与制作建筑部件的所有企业尽可能保持紧密的联系,并将他们集中在一起。协同设计表现了一种协作的、跨学科的设计方法,结构、安装、建造和环境性能的问题不再是别人的问题而留待最后解决,而是从一开始就考虑到这些问题,并且让项目进展得到有序安排。

这套方法听起来很像是我们熟悉的正统现代主义的教条,但是在众所周知的无数失败的建筑中,协作的理念从来没有真正贯彻过。早期现代主义者主要关注的,正如今天许多追求时髦表皮的建筑师一样,是一种现代的形象,而不是建筑实际上是如何建造的或者如何运作的、如何提高建筑设计和建造效率这些问题。在住宅的开发建设中尤其如此,每一个行业(从设计单位到运营部门,从开发商到施工企业)通常都有其自己的方法,以至于我们今天拥有的是一个极其分散的工业,在每一个项目中都不得不逾越语言、技术与价值标准的鸿沟[44]。

因此,我们应该追求的,不是建筑的形象,而应该是各学科技术协作的工作方法。将多样化融入不同的平行层面,也在一些实践中增加了新旧思想和方法融合的可能性,形成了杂交的解决方案,类似于自然界中物种演进和变化的方式。这种方式反过来进一步推动实践的创造性发挥和对新情况做出回应的潜力,就像进化的生物能使自身适应变化的环境。

在这种新的回应性、可适应的建筑演进过程中,基于协同理念的交流、设计、模拟、生产、控制和维护的技术至关重要。最后需要强调的是,协同技术绝不仅仅是传统设计模式的替代品,而是从文化理念、设计思维、技术措施、组织过程、生产制造、现场施工等各个方面深入透彻地重塑工业化住宅的内涵。协同的工作模式,终将成为工业化住宅的主导。因此,本书的研究选择工业化住宅协同设计作为工业化住宅研究的切入点。

注释

[1] Cook, B. An Assessment of the Potential Contribution of Prefabrication to Improve the Quality of Housing: A Scottish Perspective [J]. Construction Information Quarterly, 2005, 7(2): 50-55.

[2] 李忠富,曾赛星,关柯. 工业化住宅的性能与成本趋势分析[J]. 哈尔滨建筑大学学报,2002(03): 105-108.

[3] Jaillon L & Poon C S. Sustainable Construction Aspects of Using Prefabrication in Dense Urban Environment: A Hong Kong Case Study[J]. Construction Management and Economics, 2008, 26(9): 953-966.

[4] 贾德昌. 工业化住宅渐行渐近[J]. 中国工程咨询,2010(06): 16-21.

[5] Yu Hong P. Application of Industrialized Housing System in Major Cities in China— a Case Study of Chongqing[D]. 香港:香港理工大学,2006.

［6］［16］　范悦. 新时期我国住宅工业化的发展之路［J］. 住宅产业,2010(10)：14-16.

［7］　秦珩. 万科北京区域工业化住宅技术研究与探索实践［J］. 住宅产业,2011(06)：25-32.

［8］　Dodgson M,Gann D. What Would Innovation Look Like for Us?［J］. Construction Research and Innovation,2005,1(3)：20-23.

［9］　Gann D M. Construction as a Manufacturing Process? Similarities and Differences between Industrialized Housing and Car Production in Japan［J］. Construction Management and Economics,1996,14(5):437-450.

［10］　Gibb A G F. Standardization and Pre-assembly Distinguishing Myth from Reality Using Case Study Research ［J］. Construction Management and Economics,2001,19(3),307-315.

［11］　谢芝馨. 工业化住宅的系统工程［J］. 运筹与管理,2002(06):113-118.

［12］　李湘洲,刘昊宇. 国外住宅建筑工业化的发展与现状(二)——美国的住宅工业化［J］. 中国住宅设施,2005(02)：44-46.

［13］　Barlow J,Childer P,Gann D,et al. Choice and Delivery in House Building:Lessons from Japan for UK House Builders［J］. Building Research & Information,2003,31(2):134-145.

［14］　娄述渝. 法国工业化住宅概貌［J］. 建筑学报,1985(2):24-30.

［15］　Jaillon L,Poon C S. The Evolution of Prefabricated Residential Building Systems in Hong Kong:A Review of the Public and the Private Sector［J］. Automation in Construction,2009,18(3):239-248.

［17］　纪颖波. 新加坡工业化住宅发展对我国的借鉴和启示［J］. 改革与战略,2011(07):182-184.

［18］　Lou E C W,Kamar K A M. Industrialized Building Systems：Strategic Outlook for Manufactured Construction in Malaysia ［J］. Journal of Architectural Engineering,2012,18(2):69-74.

［19］　Badir Y,Kadir M,Hashim A. Industrialized Building Systems Construction in Malaysia［J］. Journal of Architecture Engineering,2002,8(1),19-23.

［20］　李德耀. 苏联工业化定型住宅的设计方法［J］. 世界建筑,1982(03):62-66.

［21］　臧志远. 苏联工业化集合住宅研究［D］. 天津:天津大学,2009.

［22］　楚先锋. 中国住宅产业化发展历程分析研究［J］. 住宅产业,2009(05):12-14.

［23］　丁运生,赵财福. 住宅建设的产业化及国外经验借鉴［J］. 住宅科技,2003(12):33-34.

［24］　楚先锋. 中国住宅产业化发展历程分析研究［J］. 住宅产业,2009(05):12-14.

［25］　Zhai X,Reed R,Mills A. Factors Impeding the Offsite Production of Housing Construction in China:An Investigation of Current Practice ［J］. Construction Management & Economics,2014,32(1):40-52.

［26］　注:Japan International Cooperation Agency,是以培养人才、无偿协助发展中国家开发经济及提高社会福利为目的实施国际合作的组织。中国事务所成立于1982年,以培养人才和支援中国的国家开发建设为事业的中心。

［27］　楚先锋. 中国住宅产业化发展历程分析研究［J］. 住宅产业,2009(05):12-14.

［28］　杨健康,朱晓锋,张慧. 住宅产业化集团模式探索［J］. 施工技术,2012(09):95-98.

［29］　毛大庆. 万科工业化住宅战略与实践［J］. 城市开发,2010(6):38-39.

［30］　Nawi M N M,Lee A,Nor K M. Barriers to Implementation of The Industrialized Building System (IBS) in Malaysia ［J］. The Built & Human Environment Review,2014,4:22-35.

［31］　涂胡兵,谭宇昂,王蕴,等. 万科工业化住宅体系解析［J］. 住宅产业,2012(07):28-30.

［32］　林舟. 远大住工:创造产业住宅新高度［J］. 城市住宅,2014(Z1):144-146.

［33］　［美］克里斯·亚伯. 建筑·技术与方法［M］. 项琳斐,项瑾斐,译. 北京:中国建筑工业出版社,2009.

［34］　［美］斯蒂芬·基兰,詹姆斯·廷伯莱克. 再造建筑:如何用制造业的方法改造建筑业［M］. 何清华,译. 北京:中国建筑工业出版社,2009.

［35］　郭戈. 面向先进制造业的工业化住宅初探［J］. 住宅科技,2009(11):7-13.

［36］［38］　［美］彼得·马什. 新工业革命［M］. 赛迪研究院专家组,译. 北京:中信出版社,2013.

［37］　王春雨,宋昆. 格罗皮乌斯与工业化住宅［J］. 河北建筑科技学院学报(自然科学版),2005,22(2):20-23.

［39］　钱锋,余中奇. 改变传统的实验——三次国际太阳能十项全能竞赛的思考［J］. 城市建筑,2013(23):28-31.

［40］　李云贵. 信息技术在我国建设行业的应用［J］. 建筑科学,2002(02):4-8.

［41］　朱万贵,葛昌跃,顾新建. 面向大批量定制产品的协同设计平台研究［J］. 工程设计学报,2004(02):81-84.

［42］　宋海刚,陈学广. 计算机支持的协同工作(CSCW)发展述评［J］. 计算机工程与应用,2004(01):7-11.

［43］　龙玉峰,焦杨,丁宏. BIM技术在住宅建筑工业化中的应用［J］. 住宅产业,2012(09):79-82.

［44］　颜宏亮,苏岩芃. 我国工业化住宅发展的社会学思考［J］. 住宅科技,2013,33(1):16-19.

表 2-1 相关参考文献:

［1］ Chen Y, Okudan G E, Riley D R. Sustainable Performance Criteria for Construction Method Selection in Concrete Buildings[J]. Automation in Construction, 2010, 19(2): 235-244.

［2］ Chiang Y, Hon-Wan Chan E, Ka-Leung Lok L. Prefabrication and Barriers to Entry—a Case Study of Public Housing and Institutional Buildings in Hong Kong[J]. Habitat International, 2006, 30(3): 482-499.

［3］ Ji Yingbo, The Analysis on the Core Competitiveness of Construction Enterprises Based on the Industrial Housing Construction, The Fifth International Conference on Computer Sciences and Convergence Information Technology. The Fifth ICCSCIT, 2010(12): 759-762.

［4］ Tam V W Y, Tam C M & Zeng S X, et al. Towards Adoption of Prefabrication in Construction[J]. Building and Environment, 2007, 42(10): 3642-3654.

［5］ 纪颖波, 王松. 工业化住宅与传统住宅节能比较分析[J]. 城市问题, 2010(04): 11-15.

［6］ 钟志强. 新型住宅建筑工业化的特点和优点浅析[J]. 住宅产业, 2011(12): 51-53.

表 2-2 相关参考文献:

［1］ Chiang Y, Hon-Wan Chan E, Ka-Leung Lok L. Prefabrication and Barriers to Entry—a Case Study of Public Housing and Institutional Buildings in Hong Kong[J]. Habitat International, 2006, 30(3): 482-499.

［2］ Jaillon L, Poon C S. The Evolution of Prefabricated Residential Building Systems in Hong Kong: A Review of the Public and the Private Sector [J]. Automation in Construction, 2009, 18(3): 239-248.

［3］ Jaillon L, Poon C S. Life Cycle Design and Prefabrication in Buildings: A Review and Case Studies in Hong Kong[J]. Automation in Construction, 2014, 39: 195-202.

［4］ Tam V W Y, Tam C M, Zeng S X, et al. Towards Adoption of Prefabrication in Construction[J]. Building and Environment, 2007, 42(10): 3642-3654.

［5］ 郭戈. 面向先进制造业的工业化住宅初探[J]. 住宅科技, 2009(11): 7-13.

［6］ 李佳莹. 中国工业化住宅设计手法研究[D]. 大连: 大连理工大学, 2010.

［7］ 张桦. 建筑设计行业前沿技术之三——工业化住宅设计[J]. 建筑设计管理, 2014(07): 24-28.

第三章 工业化住宅协同设计的理论基础

第一节 协同设计的基本观点与发展脉络

一、协同的概念

"协同"一词最早可见于诸多古籍，东汉文字学家许慎在《说文解字》中，将"协"解释为"协，众之同和也"，也就是"齐心协力"的意思；而"同"则解释为"同，合会也"，意指"聚集"。两字合为一体，有诸多含义：可指代"协调一致；和合共同"，如《汉书·律历志上》中所言："咸得其实，靡不协同"；也有"团结统一"的意思，《三国志·魏志·邓艾传》中"艾性刚急，轻犯雅俗，不能协同朋类，故莫肯理之"表达的就是这重含义；《三国志·魏志·吕布传》里"卿父劝吾协同曹公，绝婚公路"表达的则是"协助、会同"的释义；还可指"互相配合"，范文澜等在《中国通史》第四编第三章中提到"遇有战事，召集各部落长共同商议，调发兵众，协同作战"，指的就是相互配合的意思。

近代科学中"协同"一词则源自古希腊语 Synergy，含义指的则是"为了共同利益或目标，多个不同的群体或个体协调一致地实现目标的协作过程或能力"，具有"和谐、协调、合作、协作、同步"的意思。按照康德在《自然科学的形而上学基础》中范畴表划分的十二范畴里，"协同"隶属关系类"协同性或者交互性"，指"主动与受动之间的交互作用"[1]。

二、协同学的基本理论与观点

科学研究中对"协同"的系统论述，最早可见于德国斯图大学理论物理学教授赫尔曼·哈肯（Hermann Haken）在 20 世纪 70 年代的著作《协同学导论》（*Synergetics——An Introduction*）。哈肯教授在该书中首次提出了"协同学"（Synergetics）的概念，并指出协同学属于跨学科研究领域，"它所研究的是系统的各个个体如何进行协作，并且通过协作产生新的空间结构、时间结构或功能结构"[2]。

图3-1 赫尔曼·哈肯在国内出版的三本协同学著作

图片来源:作者自制

(1) 协同学的研究对象

早在20世纪60年代,哈肯教授就在研究中发现了激光理论里物态演变过程的有趣现象:不论是平衡状态有序的相变,还是非平衡状态中无序至有序的演变,都遵循着一定的规律。这种规律正是哈肯教授发现并提出协同理论的雏形和精髓。

在此基础上,协同学研究由完全不同性质的大量子系统(诸如电子、原子、分子、细胞、神经元、力学、光学、器官、动物乃至人类)所构成的各种系统。协同学研究的是这些子系统是通过怎样的合作才在宏观尺度上产生空间、时间或功能结构的。协同学尤其集中研究以自组织形式出现的那类结构,从而寻找与子系统性质无关的支配着自组织过程的一般原理。

(2) 协同学中的序参数概念

哈肯在研究中举了一个例子用来描述系统与子系统的关系——小朋友为了想知道汽车为什么会跑,把它拆解成各个零件,这比较容易,但是他却无法将一堆拆解开的零部件组装成汽车,即重新将那些零件重新拼成一个有意义的整体。因此,他从这个案例中归纳了系统中最重要的原理:整体大于部分的总和。或如歌德所说:"部分已在我掌中;所惜仍欠精神链锁。"应用到各种科学领域,这意味着即使发现了结构怎样组成,还得明白组件如何协作。

正如单个组元好像由一只无形之手促成的那样自行安排起来,但相反正是这些单个组元通过它们的协作才转而创建出这只无形之手。因此,哈肯把这只使一切事物有条不紊地组织起来的无形之手定义为序参数。序参数由单个部分的协作而产生,反过来,序参数又支配着各部分的行为[3]。

如图3-2,荷兰科学思维版画大师摩里茨·科奈里斯·埃舍尔(Maurits Cornelis Escher,简称 M. C. Escher)画的双手互绘图很好地表示了序参数的问题:序参数(一只手)引起了其他部分(另一只手)的行为;反过来,序参数的行为又由其他部分所决定。

用协同学的语言来讲,序参数支配着各个部分。序参数好似一个木偶戏的牵线人,他让木偶们跳起舞来,而木偶们反过来也影响着他,制约着他。因此,支配原理在协同学中也起着核心作用。

(3) 协同学的理论意义

协同学理论最重要的意义在于,不同学科之间的边界被协同学消除了,它也逾越了自然、社会科学之间的鸿沟,通过系统论方法的运用,协同学发现了不同学科之间的共性,将之贯穿了起来。正如哈肯自己在《协同

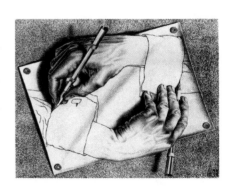

图3-2 埃舍尔的双手互绘图

图片来源:百度百科"埃舍尔"词条

学导论》中所言:"一个系统的许多子系统的合作是受同一原理所支配,而与各子系统的性质无关时,我就觉得在所研究的边缘学科框架内寻找并探索这些类比的时刻已经到来了。这一边缘学科我把它叫做协同学。我是从物理学开始,并进入到化学和生物学,最近,其他学科的一些同事们使我注意了这样一个事实,就是有一个叫做协同作用(Synergy)的概念,早就在社会学和经济学的领域内被讨论了。例如,已经研究了,一个公司的不同部门之间如何一致动作,以改进公司的职能。如此看来,目前我们正在一座大山下,从两边挖一个隧道,这座山一直把不同学科分离着,特别是把"软"科学和"硬"科学分离着。"因此,协同学可以说是站在更高的理论视野来审视自然科学与社会科学,并为"从有序向质变"的研究奠定了基础。

另外,协同学深刻揭示了一切系统(不管是有生命的还是无生命的)由微观(子系统)到宏观(系统)、从简单到复杂、从低级到高级的演化规律,以及在表面上看来完全不同的系统在这种演化过程中的深刻相似性[4]。对于建筑业尤其是较为新型的工业化住宅系统来说,研究建筑系统(新型住宅系统)如何从无序到有序,如何从有序到质变,均可以从协同学中汲取充足营养。

三、计算机支持的协同工作

计算机的普及和应用,使科学研究的方式悄然发生了转变。基于网络的计算机技术更是在广域范围增进了人与人之间的交流,使不同人群间的异地协作成为可能。在协同学基本理论和观点的影响下,更多的专家学者探讨了基于计算机进行协同工作的可能性。1984年,不同学科专业的20位专家学者组织了一个工作组,在MIT的伊莱·格瑞夫(Iren Grief)和DEC公司的保尔·凯斯曼(Paul Cashman)的统筹协调下,就计算机技术如何支持协同工作这个议题进行了研讨,首次提出了CSCW(Computer Supported Cooperative Work,计算机支持的协同工作)的概念[5-6]。

1. CSCW的概念

CSCW的基本概念如下:以计算机技术和网络技术为基础,以某项共同的任务为目标,分散在不同地域的一个群体组织通过相互协作,共同完成工作的过程。这个过程的研究包括诸多环节:协同系统的搭建、协同工作模式的研究、协同工作的支撑技术研究、协同应用系统的开发等。计算机支持的协同工作的首要任务是建立协同工作的环境或平台,通过该平台,不同群组的成员可以相互协作,为了一个共同的目标(可以是某项产品,也可以是某个研究领域或某个具体问题)互相配合。这个协同的工作环境或平台应该有助于不同时空的组员跨越时间或空间上分离的鸿沟,促进组员之间的交流,减少沟通障碍,提升工作效率和质量。与协同学探讨的问题一样,CSCW不仅仅关注于计算机领域,它重视的是多学科相互交叉的综合领域,通过计算机、网络等技术的运用,CSCW将多个不同学科紧密联系起来,为研究者提供了协同的工作平台[7]。

2. CSCW的特点

通过上文CSCW的概念描述可知,其应该具备如下多个特点:

(1)地域分散性。CSCW的用户在地理区域上是分散的,他们分布在各个不同区域,因此才需要通过计算机的支持进行协同工作。

(2)任务导向。CSCW 是以任务为导向的,而非针对某个具体问题。以一个共同任务为目标,CSCW 协调了多个不同用户共同工作。

(3)并行性和数据实时更新。不同用户需要借助 CSCW 的协同工作平台同时工作,因此需要保证数据可以实时更新。

(4)交互性。CSCW 的系统应该具备交互性,给不同的用户提供良好的交互界面和交互感觉,并且应该能够让不同的用户之间体验到协作的感觉。

(5)信息共享。协同工作平台应该支持不同类型的信息共享,如文本、视频、图像等共享方式,以达到协同工作的目标[8]。

3. CSCW 的类型划分

伊莱·格瑞夫(Iren Grief)和保尔·凯斯曼(Paul Cashman)的团队按照时空矩阵法(Time-Place Matrix)对 CSCW 模式进行了初步分类[9](表 3-1)。

表 3-1　CSCW 模式的时空矩阵法划分

空间 ＼ 时间	同步	异步可预测	异步不可预测
同地	会议可行	工作转变	团队形式
异地可预测	电话会议	电子邮件	协作记录
异地不可预测	交互网络研讨会	计算机公告板	工作流形式

也有学者认为是否可预测在协同工作中的意义不大,按照时空矩阵法将 CSCW 的类型重新分类,依据时间类型将协同方式分为同步和异步,依据空间类型将其分为本地和异地。根据矩阵交互关系,共四种类型[10](图 3-3 为这四种类型的时空二维图):

(1)同步模式:也是最简单的 CSCW 模式,即所有活动均在相同的时间、地点进行,可以通过会议等方式实现。

(2)异步模式:比同步模式略为复杂,协同工作的地点相同但时间有先后顺序,可以通过线性模式实现。

(3)分布式同步模式:与异步模式复杂度相当,不同的群体在异地同时工作,可以通过互联网软件、电话会议等方式实现。

(4)分布式异步模式:四种类型里最复杂的一种模式,不同的群体在不同时间、不同地点从事同一任务的工作,需要借助并行设计和柔性机制等技术才能实现。

4. CSCW 的应用领域

早期的 CSCW 系统较为简单,像桌面视频会议系统、协同办公系统、共享桌面系统等仅支持小规模的协作应用,如工作组级别的协同合作。随着计算机技术和互联网技术的不断进步,许多 CSCW 系统已经发展到可以支持企业级的全球化协作。借助于 CSCW 的应用,不同国家的不同企业间已经可以无障碍地进行复杂任务的协同合作。从上述描述可以看出,凡是具备协同特征,并适合采用计算机技术支持或网络技术支持的任务,都能够用 CSCW 系统完成,因此,CSCW 的应用范围极为广泛,大部分需要信息共享的领域都可以采用 CSCW 系统[11]。例如:需要进行远程教育的学生可以采用基于 CSCW 的远程学习系统;基于 CSCW 的医疗系统可以实现远程会诊,方便偏远地区群众的就医;借助 CSCW 理念指导下的远程会议系统,还可以实现军事指挥的战略提升;不同国家地区的科学家们也可以借助 CSCW 系统提供的便利交流条件,进行强强联合,共同克服科学界的难题。从中不难看出,借助于计算机支持的协同工作模式和系统,教育、医疗、军事、科研等领域均发生了翻天覆地的变化。

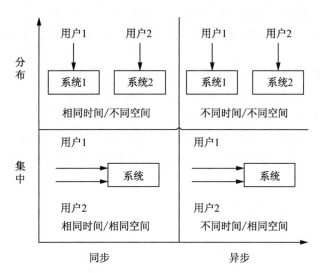

图 3-3　CSCW 类型的时空二维图
图片来源:作者自绘

四、计算机支持的协同设计

传统的产品设计模式以串行模式为主,急需用协同的思想和理论来提升其设计效率。当 CSCW 的理论和技术应用在产品设计开发领域,就顺应产生了 CSCD(Computer Supported Cooperative Design,计算机支持的协同设计)理论与技术。CSCD 是以 CSCW 技术为基础,CAD 技术、虚拟设计技术结合敏捷制造、并行工程等模式在设计领域的产物。

1. CSCD 的概念

CSCD 既不是单纯的计算机技术,也不是具体的某种设计方法,而是综合了现代设计理论里的诸多新技术、方法和模式的系统集成设计理论。虽然国内外对于 CSCD 的研究已经深入到一定程度,但是对于 CSCD 的定义还没有统一的说法。罗斯曼(Rosenman)认为 CSCD 是"以某个具体设计项目为任务,全体成员以计算机支持为技术基础,每个成员分担不同部分的设计任务,成员之间并行地开展设计工作,共同探求理想设计结果的设计方法"[12]。托马斯·柯万(Thomas Kvan)则把 CSCD 归结为"系统化的设计方法,所有设计参与者应该从设计初期就考虑产品的全生命周期的要素(功能、形式、性价比、生产计划等),以满足用户的实际需求"[13]。综合来说,现在学术界对于 CSCD 的一般理解如下:计算机支持的协同设计是一门综合的设计技术方法,以计算机和网络技术为基础,两个或两个以上设计主体(或称专家)通过一定的信息交换和互相协调机制,采用适当的流程,分别承担不同方面(范围或领域)的设计任务,共同完成一个设计目标。

2. CSCD 的特点

CSCD 一般具备以下几个特点:

(1) 流程优化。以协同的思想为指导,从设计初期就考虑产品的全生命周期的要素,优化设计流程和产品开发流程,从设计体系上做出根本改变。

（2）冲突消解。传统的串行设计模式在项目后期面临较多冲突，导致设计返工现象频发。CSCD为了应对冲突带来的问题，将冲突前置，即将后续开发可能遇到的问题提前到设计阶段解决，如把制造和安装环节可能碰到的冲突，利用计算机技术和虚拟设计技术提前模拟，尽早发现尽早解决，避免设计返工，提高设计效率。

（3）决策协同。面对复杂的、多目标的、异地不同步的问题时，传统串行设计模式难以决策。CSCD的解决策略是在计算机和网络通信的支持下，承担项目共同利益的团队成员协同决策，共同应对。

（4）技术集成。CSCD不单纯依赖一项技术，而是集成综合了诸多适宜技术以支持设计。CIMS（Computer Integrated Manufacturing Systems，计算机集成制造系统）、CAD（Computer Aided Design，计算机辅助设计）、CAM（Computer-aided Manufacturing，计算机辅助制造）、CAPP（Computer Aided Process Planning，计算机辅助工艺过程设计）等技术均可以用于CSCD过程。

（5）过程协同。传统产品开发模式存在着项目不同环节"脱节"现象，如设计与制造脱节、制造与销售脱节等。而CSCD的设计思想兼顾了产品开发的全生命周期的考虑，以信息共享和协同决策为基础，其能较好地处理产品不同环节之间的过渡，消解了过程不协同的问题。

3. CSCD的关键支撑技术

CSCD的技术基础是计算机技术和网络技术，具体到设计环节的应用，则依赖于以下主要的关键支撑技术，这些关键支撑技术也都是以计算机技术为基础的：

（1）数据信息的关键技术——PDM技术

数据信息的有效传递是协同设计能否顺利完成目标的关键环节。PDM是指"产品数据管理"（Product Data Management），这是专门用来管理产品数据的技术。产品的所有基本信息（零件尺寸、规格、形式、生产要素、工艺、结构等）以及生产过程（流程、衔接、管理要求、管理权限等）的要素都可以由PDM系统来管理，这种一体化的信息技术工具，可以有效地提高设计效率，增强对产品全生命周期的数据掌控，优化整个设计流程。

PDM的主要功能包括数据管理、流程管理、系统集成等。PDM的基本原理可以简单描述为"集成—信息传递—控制"的过程（图3-4）：①"集成"包括两个层面，第一个层面是纵向的，将逻辑上的信息化孤岛（如合同管理、工艺编制或生产准备的数据）进行集成，第二个层面是横向的，将PDM系统与ERP（Enterprise Resource Planning，企业资源计划）系统集成，ERP系统可以为企业决策层和员工提供决策运行手段；②上述的集成方法确保了基本设计信息（产品结构、功能和尺寸数据）可以有效地传递至ERP系统中；③最后再运用计算机系统对整个产品开发流程进行控制，建立虚拟的产品模型。

通过不同技术系统的结合，PDM既建立了产品的虚拟模型，又建立了支持产品协同设计的管理系统，确保了数据在产品全生命周期各个环节的有效传递[14]。因此，PDM为设计企业搭建了一个良好的协同设计技术平台与环境，是CSCD实现的核心支撑技术。

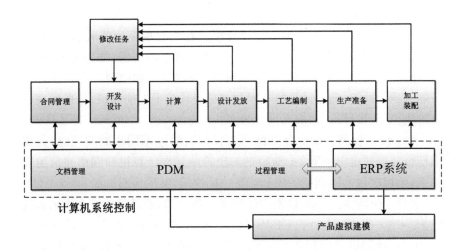

图 3-4　PDM 的基本原理架构图
图片来源:作者自绘

（2）过程管理的关键技术——工作流技术

企业间的协同关系也是 CSCD 顺利实现的关键,主要依靠过程管理技术来保障。过程管理技术能够整合并理顺设计的各个环节,并作为企业间协同合作的基础。在 CSCD 过程中,过程管理是通过工作流管理（Workflow Management）来实现的。工作流管理的基本原理是以网络管理软件为基础,通过人机自动化协调以及通信,控制所有命令的执行。不同的工作通过工作流管理,可以在兼顾公平的前提下分配到不同工作组并受到监控。

在 CSCD 中,工作流管理对任务的分配、目标的组织协调调度都是通过工作流技术实现的。工作流技术主要包括对任务的拆分与组织、资源统筹、虚拟建模、项目执行和控制等。工作流技术作为整个计算机支持下的协同设计的引擎,驱动着产品协同设计的异地制造、任务的调配与安排、资源的统筹、设计任务的开始与终结、数据文档的维护管理等设计的全过程。从功能上看,工作流技术既是 CSCD 中协同管理的基础,也是协调设计过程不同环节的纽带,在产品的协同设计中发挥了至关重要的作用[15]。

第二节　协同设计的定义

在对协同设计的基本观点与发展脉络进行梳理和总结之后,不难发现,当前的协同设计的概念是针对制造业方面的产品的设计与开发。在产品的设计开发过程中,较多设计活动是异地、异步、不同专业交叉进行的,而信息的有效传递和交互可以有效地组织协调这些设计环节,提高设计效率并减少设计错误的产生。这也是协同设计的根本出发点。

在对协同学、计算机支持的协同工作和计算机支持的协同设计的研究的基础上,以 CSCD 的概念为蓝本,可以将协同设计定义如下:协同设计是一门综合的集成设计方法,以协同学的理念为指导,以计算机技术、网络技术和其他先进技术为技术支撑,以流程优化为手段,以信息共享为原则,通过一定的协调规则和机制,项目团队的不同成员之间分担不同的设计任务,协同工作以实现最终的目标。

因此,协同设计可以归类为设计方法学。设计就是一种依赖以往经验,把理念、目标、构思通过物态模式表达出来的解决问题的过程,它一定囊括着功能、形式、过程、资源、表达等内容与环节。在分布式环境下,诸多设计环节间、不同设计团队间的冲突不可避免。协同设计也是提前消解这些冲突的技术方法。

综上,协同设计应该具备以下特点:

(1)信息协同。信息共享是实现协同设计信息协同的基础,它可以保证所有设计参与者获得的信息是相同的。信息协同需要一定的技术工具作支撑,以产品的协同设计为例,它是通过PDM系统实现信息协同与共享的。

(2)流程协同。协同设计是对传统串行设计模式的优化升级,基于信息共享,设计团队不同成员可以同时进行设计的不同环节。流程的协同依赖于并行设计的理念和技术。

(3)工具协同。传统的设计模式中,不同专业设计者之间的设计工具差异较大,信息不能有效地在不同工具间传递。产品的协同设计中,不同专业的设计者均以基于PDM的软件为工具,可以保证信息的共享。

(4)决策协同。面对复杂的、多目标的、异地不同步的问题时,传统串行设计模式难以决策。协同设计的解决策略是在协同技术的支持下,承担项目共同利益的团队成员协同决策,共同应对。

(5)技术协同。协同设计方法是技术的综合,不同技术之间的协调配合也很关键。协同设计以数据管理软件为基础,能够整合不同技术软件之间的信息孤岛,保证了不同技术之间的协同。

第三节　工业化住宅协同设计的定义与特征

协同设计的方法如何在工业化住宅开发中运用,就是工业化住宅协同设计需要进行的研究。因此,工业化住宅协同设计的定义可以根据协同设计的概念得出:工业化住宅协同设计是以协同学的理念为指导,以信息化技术为技术支撑,将协同设计的理论与方法应用在工业化住宅设计模式中,研究工业化住宅开发中不同学科、不同专业、不同团队成员之间如何在工业化住宅设计中进行协作配合,如何优化工业化住宅设计流程,消解工业化住宅设计冲突,提高工业化住宅设计效率的一门综合的集成设计方法学。

因此,工业化住宅协同设计应该具备以下特征:

(1)自组织系统特征。工业化住宅协同设计是一个自组织系统,它更像是一个生物有机体,持续不断地了解自身和周围的环境,适应变化的条件并且提高自身的性能。自组织并不意味着"失去控制",而是意味着协同的、进化的设计,基于自组织系统,包含多种形式和层次的控制和反馈,将相互的协同与制衡传递给受影响的所有项目参与者。

(2)综合性特征。工业化住宅协同设计走的是综合性设计的途径。协同设计意味着综合的设计,包括设计工业化住宅系统、子系统、部件和构件,所有这些都以协同的方式获得整体的最高性能。综合设计意味着从设计进程的开始到最后完成,与生产工业化住宅部品构件的企业尽可能保持紧密的联系,全过程始终伴随着来自部品构件生产过程的反馈。

综合设计表现了一种协作的设计方法,结构、安装、建造和环境性能的问题不再是别人的问题而留待最后解决,而是从一开始就考虑到这些问题,并且让项目进展得到有序安排。

(3)信息化特征。工业化住宅协同设计应该基于信息,而不是基于形式。它关注的不是一栋工业化住宅看起来是什么样,而是它是怎样运作的。工业化住宅协同设计不是一种风格,它是以信息化为中心的设计、生产和使用的方法。

(4)技术集成特征。工业化住宅协同设计必须以信息化技术为基础,通过整合不同技术软件之间的信息孤岛,进而集成所有的辅助设计技术。

(5)通用性、多样性特征。工业化住宅协同设计接受将住宅与工业结合的模式,但是反对标准化的思想体系和随之而来的僵化的大规模生产技术。工业化住宅协同设计应该在遵循标准化的基础上,探究通用性和多样性的不同途径。

(6)虚拟表现的特征。工业化住宅协同设计应该借助于虚拟现实技术,通过直观的表现形式,使不同专业的项目参与者协同起来。协同设计过程的核心是虚拟的原型,这既是一种设计也是交流的媒介。使用信息化的虚拟现实技术,工业化住宅协同设计积极鼓励设计中全面而开放的参与。

第四节 工业化住宅协同设计的支撑技术

信息化技术尤其是互联网技术,正在以前所未有的深度与广度推进着制造业和建筑业等传统行业的转型。德国定义的第四次工业革命,使得信息技术和制造技术深度融合,促进了全专业的协同制造。面对制造业的革新发展,生产组织方式极为近似的建筑业却停滞不前。

因此,工业化住宅领域也必须向制造业借鉴学习。如何转变设计模式、建造方式,利用信息化技术提高工业化住宅的整体开发效率,是协同设计要解决的问题。向制造业学习,不是简单地照搬制造业的经验,而是尊重工业化住宅的独特性,找到匹配的技术对协同设计涉及的设计、生产、建造、管理和组织流程进行变革,从而促进其发展。

一、BIM 技术在工业化住宅协同设计中的核心作用

BIM 以建筑的全生命周期数据、信息共享为目标,运用现代信息化技术,为项目参与方提供一个以数据为核心的高效率的信息交流平台以及协同工作环境。它为项目不同参与方之间搭建起了沟通的桥梁,是工业化住宅协同设计的信息化基础和协同基础,在工业化住宅协同设计中发挥着核心作用。

1. BIM 的定义

Building Information Modeling 是 BIM 的全称,中文释义为"建筑信息模型"。20 世纪 70 年代时,BIM 的思想开始起源。随后,被尊称为"BIM 之父"的查克·伊士曼(Chuck Eastman)教授、行业中坚麦格劳·希尔建筑信息公司(McGraw-Hill Construction)等都对 BIM 进行了概念

释义。国内由中国建筑科学院主编的国标《建筑工程信息模型应用统一标准》里把 BIM 定义为"全寿命期工程项目或其组成部分物理特征、功能特性及管理要素的共享数字化表达"，但是这些 BIM 定义都不够完整。目前被大家所公认的 BIM 的定义是由美国国家建筑科学学会（National Institute of Building Sciences）和 buildingSMART 联盟（building SMART alliance）共同发布的美国国家 BIM 标准（National Building Information Modeling Standard，简称 NBIMS）里的定义。NBIMS 对 BIM 的定义包括三个部分："第一，BIM 是某个工程项目或建筑物在物理性能上的数字表达；第二，BIM 是信息资源共享的过程，为工程项目的全生命周期中从开工建设到拆除提供信息化决策的依据；第三，BIM 为工程项目的所有阶段提供了导入、导出、更新和修正信息的可能，所有项目利益相关者可以实时使用 BIM 以进行协同工作"[16]。

2. BIM 的特点

（1）模拟性。BIM 的模拟性既体现在可以对设计模型进行 3D 建模，还体现在可以模拟一些无法在真实世界中操作的性能，如绿色性能模拟、建筑消防疏散模拟、日照模拟、热传导模拟等[17]。在设计阶段，可以对建筑设计方案、结构方案和暖通设备方案进行三维建模，实现设计的可视化。在施工阶段前后，还可以进行 4D 建模，即在 3D 模型的基础上加上项目进展时间，对施工过程的组织等施工计划进行模拟，从而达到优化建筑施工组织的目的。在 4D 模拟的基础上，还可以加入成本分析，进行 5D 模拟，对建筑的成本进行有效的控制。在项目交付后的运营投入使用阶段，还可以基于 BIM 模型进行 FM 模拟，对房间进行高效划分与管理。

（2）优化性。工业化住宅协同设计的过程，就是一个项目不断优化的过程。传统的工业化住宅设计模式无法实现更好的优化，主要是缺乏准确的项目信息。BIM 可以为工业化住宅协同设计提供全生命周期的有效信息，包括几何信息、物理信息、规则信息等基本信息，以此为基础，再加上一定的优化工具，就可以实现对工业化住宅项目所有环节的优化设计[18]。这些优化主要体现在以下两个方面：第一是对项目方案进行优化，如可以把设计与成本分析相结合，基于 BIM 的成本分析可以实时呈现，有利于优化项目成本，这样业主对项目方案的评价就不会只停留在造型方面，而扩展到整个项目的性能、成本等需求方面；第二是进行一些特殊部位的优化，通过 BIM 建模可以实现项目的可视化，一些复杂空间的交接变得简洁明了，对一些不合理的部位可以进行设计修改，避免冲突矛盾的产生。

（3）出图性。BIM 的出图性指的不是传统意义上设计院方案定稿后的出图或给工业化住宅部品构件生产厂家提供的构件加工图纸。在信息化的基础上，BIM 模型之间具备关联性，可以做到"一处更新、处处更新"，比以往的"一处修改、处处修改"节省了大量的修改图纸的时间[19]。同时，BIM 通过建筑物的可视化、模拟、优化以后，既可以给设备专业提供优化过的综合管线图（经过冲突检测和消解，避免了相关错误后），还可以提供不同专业之间的冲突检测报告以及改进方案。

3. BIM 在协同设计方面的作用

（1）信息共享。不同专业人员进行 BIM 建模后，应及时登录 BIM 服务器，将模型与中心文件进行链接，可以将新创建的信息和修改的信息自动添加到中心文件,保持本地数据的实时更新[20]。所有专业均可以通过中心文件查看其他专业的进展(图3-5),同时,BIM模型中的所有设计数据信息都是相互关联的,同类构件信息仅需输入一次,所有关联内容均会发生改变[21]。基于BIM的工业化住宅协同设计可以为设计、生产、施工、业主提供工程的即时信息,从而实现信息的有效共享。

图3-5　BIM作为信息共享枢纽的构想
图片来源:http://www.chinabim.com

（2）冲突检测。传统的住宅设计中的图纸表达与绘制均是二维平面化的,平面中的冲突和问题很容易被发现,而三维空间中的冲突却很难检测,往往只能依赖设计人员的经验与空间想象能力。三维空间中的冲突牵涉专业较多,且传统住宅设计模式中缺乏信息交流的有效手段,很难对设计中的冲突进行全面的检测。另外,早期的碰撞检测模式是人工核对与检测,准确性和效率都很低下,图纸存在着较大的漏洞。随着利用计算机对各专业的图纸会审进行碰撞冲突检测,虽然在某种程度上提升了设计图纸的准确性,但仍是基于二维图纸进行的人工操作,没有摆脱对设计人员经验的依赖,三维空间中的冲突还是难以得到检测与消解,设计图纸依然存在大量"错、漏、碰、缺"的冲突。BIM技术在工业化住宅和协同设计中的大量应用,利用软件辅助冲突检测,并在三维的空间下消解各类碰撞冲突,可以实现快速、精准、高效的工作模式[22]。这使得设计人员不必再在冲突检测上浪费大量的时间,可以将精力更多地放在更多创新性的工作上,真正提高工业化住宅的设计效率。

（3）设计专业间协同。基于BIM的工业化住宅协同设计中,设计的所有专业(建筑、结构、暖通设备)在BIM的整合下可以在同一个项目模型文件里进行工作,这可以方便地实现专业内部的图纸冲突检测以及专业之间的空间冲突检测,及时地纠正设计里的空间冲突的矛盾,也能够确保信息在不同专业之间的有效传递,进而优化设计[23]。

（4）设计—生产—施工协同。图3-6反映的是以BIM为信息化基础和信息管理的建筑全生命周期平台,工业化住宅部品构件生产单位和施工单位可以在方案设计阶段就介入项目,根据以往的经验,与设计单位共同探讨部品加工图纸和施工图纸是否符合工艺要求和建造要求,方便设计环节的及时修改[24]。设计方面的图纸一旦定稿,不需要再像传统设计模式里一样再重新针对生产企业和施工企业出图,所有环节基于的是以BIM为媒介的图纸,而且可以实时更新,即使生产企业或施工企业对图纸进行了修改,也可以及时地反馈至BIM平台,真正实现了流程协同[25]。

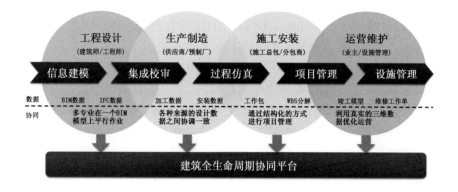

图 3-6　以 BIM 为基础的建筑全生命周期协同平台

图片来源:http://www.chinabim.com

二、系统工程技术对工业化住宅协同设计的影响

1. 系统工程的定义

作为一个综合了多个学科理论与方法的新兴学科,系统工程的技术方法既是不同领域的技术集成,又可以指导各个学科领域的研究。它极其适合解决复杂环境下的问题,对于自然科学和社会科学的研究具有非常重要的意义。关于系统工程的定义,学界一般有如下共同认识:"系统工程是一门以复杂系统设计为研究对象的科学,其组成要素之间必须相互关联,它要求设计复杂系统前,必须明确预期目标,并综合考虑所有设计系统的参与者的影响因素,在运用多学科的技术方法的基础上,统筹协调所有组成要素之间的关系以及它们与整体的联系,旨在使系统达到总体最优的目标。"[26]

2. 系统工程的特点

系统工程的组成要素之间应该具有关联性,才能在面对复杂系统的设计和研究时,达到系统整体最优化。同时,系统要素的关联性和系统的最优化还依赖于多学科技术的应用,系统工程是多种技术的综合。另外,系统工程也关注管理过程的有效控制,这得益于管理过程的信息化。因此,系统工程具备以下三大特点[27]:

(1)研究方法的整体性。系统工程的研究方法必须将研究对象当作一个有机整体来考虑,这是由系统的整体性特征决定的。系统工程还必须把研究系统的过程当作一个有机整体来考虑,这是由系统的过程整体性决定的。因此,从整体性的观点出发,系统以及其子系统的整体协调至关重要。在这个过程中,必须以整体性原则为协调依据,统筹考虑和解决子系统之间、子系统与系统整体之间、上下级系统之间的矛盾,视整个研究系统的过程为一个组织严密的协同整体[28]。

(2)技术应用的综合性。系统工程的技术应用具备横向工程技术的特征。这保证了不同学科和领域里的技术方法均能很好地在系统工程里得到综合应用。系统不仅能在多种不同技术的综合应用下实现整体最优化,还能在综合运用不同技术的基础上创造出新的技术综合方法[29]。计算机支持的协同设计(CSCD)就是计算机支持的协同应用(CSCW)在设计领域创造的技术综合方法。

(3)管理过程的信息化。复杂系统的设计不仅仅依赖于工程技术的运用,还依赖于对工程技术运用的控制管理,这两部分是并行实现的。工程技术运用的控制管理包括诸多过程,如计划、安排、统筹、控制、决策等诸多环节。控制管理是使上述诸多环节统筹协调、共同实现整体最优化的过程,它归根结底是信息在不同环节间有效传递的过程。因此,管理过程的信息化是系统工程能否顺利实现的重要因素。

3. 系统工程技术对工业化住宅协同设计的指导作用

从系统工程的定义和特点中可以发现,系统工程的研究内容是统筹协调系统内的所有组成要素之间的关系,以便要素之间相互协同,为实现系统的整体目标发挥一定作用。系统工程的研究目的是系统达到整体最优而非某环节最优化。这对于工业化住宅协同设计具有极大指导价值——工业化住宅协同设计应该追求工业化住宅全生命周期的最优化,而非仅仅是设计环节的效率提升。综合来说,系统工程技术对工业化住宅协同设计的指导作用体现在以下三个方面:

(1) 坚持整体性原则。整体性原则体现了对系统整体性、要素关联性和过程协调性的基本尊重。工业化住宅协同设计的理论基础是协同学和协同设计,系统工程的整体性原则与协同学和协同设计应相结合,意味着工业化住宅的开发应该从工业化住宅的整体性能出发,注重如何使整个工业化住宅设计系统、开发系统合理运行,如何使所有设计参与者之间协同配合,而非局部要素或某一专业的设计发挥作用。国外的工业化住宅发展道路走的也是整体性的途径。以日本为例,从国家层面注重工业化住宅的整体协调,立足于住宅模数协调体系、住宅部品标准化、住宅部品通用化等基础环节,从整体上把握住了工业化住宅的通用化,极大地促进了工业化住宅的推广。中国的工业化住宅虽然发展历程较长,但是协同设计在工业化住宅中的应用研究还刚刚起步,必须首先把握住工业化住宅系统的整体性原则,才能为协同设计在工业化住宅中的应用提供保障,才能有效地提高住宅开发效率和住宅性能。

(2) 遵循最优化原则。系统工程以目标为导向,体现了目标最优化的原则:第一,追求整体最优化意味着以最小的投入,产生最大的整体性能和效益,以便完美地实现系统的最优化目标;同时,为了选择最优化方案,系统功能还必须应用不同的技术方法,譬如通过计算机技术和虚拟现实技术对不同的复杂系统设计方案进行筛选、对比和分析,进行优中选优。工业化住宅系统也是一个复杂系统,各种复杂因素纷繁交错,如何保障各个复杂因素协同设计后整体最优,就需要应用系统工程的原则。例如,工业化住宅部品构件是由不同的厂家生产,如何协调所有的部品构件厂家协同生产,是工业化住宅协同设计必须要考虑的。只有遵循最优化原则,才能判断不同的部品构件生产方案是否符合工业化住宅整体最优的要求。

(3) 依照系统工程原则。系统工程原则应用在工业化住宅协同设计层面包括两个方面:一是方法论层面的借鉴,以系统论、控制论和信息论的系统工程方法来研究工业化住宅协同设计的基本要素,用系统科学理论来揭示工业化住宅协同设计的基本规律;二是系统工程技术工具的使用,以这些技术工具为实现依据,协调工业化住宅协同设计的要素整合,实现工业化住宅全生命周期的最优化目标。

三、并行工程技术在工业化住宅协同设计中的应用

1. 并行工程的定义

关于并行工程的定义,目前还没有统一的概念,但学界一般认为美国

防务分析研究所(Institute for Defense Analyses，IDA)的定义较为权威：
"并行工程(Concurrent Engineering，CE)是研究产品并行或一体化设计的系统工程模式，它涉及产品的设计、产品的生产制造和产品的制造管理等一系列过程。这种系统工程模式要求产品的设计者必须从设计的初始环节，就考虑产品开发全生命周期的全部要素，如功能、形式、质量、性价比、用户需求等。"[30]并行工程是制造业集成化、信息化和系统化发展的基础支撑技术。

2. 并行工程的核心内容

并行工程的研究主线和核心要素是并行设计，它对产品的全生命周期设计提出了新的要求[31]：产品设计的所有核心人员(设计者、制造者、管理者等)应参与从产品的设计阶段到推广阶段的全过程，且每个项目团队成员均要对这一过程做出其应有的贡献。因此，其要求考虑的要素非常复杂，囊括了用户需求、设计要求、生产要求、交付要求、使用要求等一系列因素，最终目的是提高产品的性价比：在时间上，减少产品的研发周期；在造价上，降低产品的生产成本；在售后上，提供优质的高附加值的增值服务。

相比传统的设计模式，并行设计的内容包括以下四个核心部分[32]：

(1) 过程重构：产品设计过程转型，由传统的串行开发模式转型为并行的、集约的产品开发模式，保证了产品开发过程后期的设计需求可以尽早反馈至前期设计环节。

(2) 产品设计工具数字化：产品的设计工具向数字化转型，包括产品的数字化模型建模、数字化管理过程、数字化工具的运用以及信息集成，集成运用了 DFQ(Design for Quality)、DFR(Design for Reliability)、DFM(Design for Manufacture)、CAD(Computer Aided Design)、CAE(Computer Aided Engineering)、CAM(Computer Aided Manufacturing)等数字化技术工具和理念。

(3) 研发队伍重构：产品的研发转型，从以功能部门为主线转型为以产品为主线，产品研发团队向多功能集成方向转型，并行地进行产品的研发。

(4) 工作环境重构：产品研发工作环境转型，以信息化技术为基础，构建支持并行设计的协同的工作平台与环境。

3. 串行模式与并行模式的比较

并行设计作为一种设计模式，更强调在信息化、数字化的基础上集成和并行的理念与方法。并行设计偏重于过程的并行与集成，通过优化产品的设计流程、研发流程，实现了不同学科不同专业的协同工作。从哲学理念上来解读"并行"的话，可以把并行理解为"同时"，即同时刻或同时段里发生的某个或某些事件，多个复杂事件交织在一起就构成了时间与空间的复杂情况，并行设计的目的是提高设计效率，主要通过增加空间的复杂性而减少时间的复杂性的手段来实现。从产品的设计模式来看，传统的设计模式采用的是串行模式，对时间的复杂性没有降低，并行工程采用的则是并行模式，降低了时间的复杂性，提高了设计效率。

传统的串行设计模式的环节包括产品功能分析、产品设计、详细设计和制造设计等内容。为了提高设计的精确度，若干环节之间还要进行小范围的原理验证、试验制造等对设计进行改进的流程。串行设计模式每个环节的实施是按照顺序进行的,即一个环节的任务结束后,下一个环节的任务才能开始。但是,设计工作是非常复杂的,若某些环节的设计人员水平不足、能力匮乏,则该环节的定稿方案未必是最优化的方案,而且常常伴随较多错误的产生。上述现象通常在设计的最后环节才被发现,有些问题甚至在产品的制造环节才暴露,导致了设计返工,产生了"设计—修改—制造—设计返工—再制造"的不良循环,拉长了产品开发周期,提高了产品成本。图 3-7 左半部分描述的是串行设计模式。

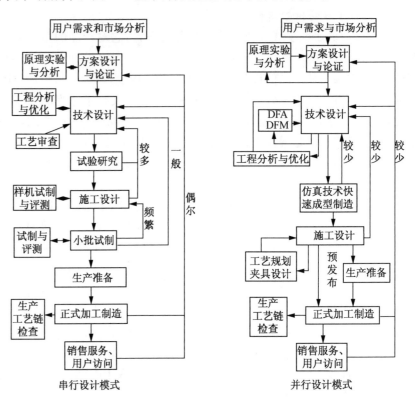

图 3-7　串行模式与并行模式的比较
图片来源:孟明辰,韩向利. 并行设计 [M].
北京:机械工业出版社,1999.

在分析了串行设计模式利弊的前提下,并行设计模式以串行设计模式为基础,对其进行了过程重组。并行设计模式以消除串行模式中的不利点为出发点,也充分借鉴了其优点,以满足用户最大化需求为目标,以计算机技术、信息化技术为技术依据,运用较为先进的组织模式对产品开发过程进行优化,实现了产品的数字化和信息化。在对产品建模的基础上,并行设计模式通过虚拟现实技术和仿真技术的运用,可以及时发现产品设计里的错漏等问题[33]。通过运用快速原型制造技术,可以实现产品重要部位的构配件样品制造,提前消解了产品制造中的矛盾,保证了产品开发的成功率。图 3-7 右半部分描述的是并行设计模式,从图中可以发现,串行设计模式里的大循环被拆解成若干小循环,不同环节、不同学科的项目参与人员间的关系变得更为紧密,参与设计的时间也前置了,可以尽早地发现设计中的问题[34]。

4. 并行工程对工业化住宅协同设计的指导作用

并行工程以并行设计为核心,强调了过程重构、产品设计工具数字化、研发队伍重构和工作环境重构,将传统的串行开发模式转型为并行开发模式,对于工业化住宅协同设计具有一定的指导作用[35-36]:

(1) 工业化住宅的开发模式应改变传统的串行开发模式,将设计后期或施工阶段才会遇到或考虑的问题前置到设计阶段,运用先进的信息技术方法进行处理,同时使项目参与人员尽早地介入设计环节,变单步式的严格串联式顺序为并行顺序,有针对性地缩短项目开发周期,从而达到提高设计效率的目标。

(2) 标准化是工业化住宅协同设计实现并行运作的前提,应提高工业化住宅的标准化程度:要尽力完善工业化住宅的模数化、工业化住宅部品构件标准化、技术文件标准化和软件接口标准化等标准化的工作。只有将工业化住宅的标准化做到一定程度,才能降低工业化住宅设计的随意性,才能有效地保障不同环节的并行组织。

(3) 信息化是工业化住宅协同设计实现并行设计的基础,应加快融入多种信息化技术工具与软件,构建支持并行设计的协同工作平台与环境。

(4) 并行工程是将产品开发的全生命周期作为一个系统,并行工程贯穿始终。工业化住宅协同设计也应该将工业化住宅开发的全生命周期作为一个完整系统,将协同设计的思想与技术方法贯穿始终,从而减少开发过程中的弯路。

四、精益建造原则在工业化住宅协同设计中的应用

1. 精益建造的理论概述

精益建造的理论起源于精益生产(Lean Production)[37]。精益生产最早应用于日本的汽车工业,是制造业用于消灭故障、根除浪费、及时制造的一种生产管理技术。精益生产有利于产品的大规模生产,可以提高产品的品质、降低生产成本,非常适合于现代制造业。

在精益生产的启发下,建筑业开始引入精益的概念。1992年,英国萨尔福德大学的 Lauri Koskela 教授率先提出了精益建造(Lean Construction)的概念[38]。他认为,建筑业的生产特点与制造业类似,建筑业本质上也是一种生产建筑产品的过程,因此可以借鉴制造业的精益生产理论,优化建筑活动中不增加价值的环节与步骤,以降低建筑业的生产成本。

目前得到学术界较广泛认可的精益建造定义为:"精益建造是一种为建筑业企业设计的,以尽量减少材料和时间上产生的浪费(没有价值的活动),并努力为顾客(业主)创造最大的价值的一种生产系统。"[39]其概念可以从以下几点来进行理解:精益建造的指导原则是精益思想,针对建筑业的特点进行了优化;精益建造的原则贯穿建筑业活动的全过程,尽量缩短建筑开发周期;精益建造的中心是客户,一切以客户的最终需要为主,以便创造最大价值,同时避免浪费。

因此,精益建造具备以下两个特点[40]:

(1) 精益原则在建筑业的体现。建筑业与制造业的特点虽然近似,但是仍有较大不同之处,因此不能直接应用精益生产的理论,应根据建筑业的特点,选择性地应用精益原则和技术。

(2) 交付方式的创新。精益建造将最终建成的建筑当作产品交付,因此特别重视项目全生命周期的过程控制,以实现全过程的最小化浪费和最大化价值为终极目标,来保障客户的价值最大化。

2. 精益建造原则对工业化住宅协同设计的指导作用

与传统的建筑行业相比,精益建造的原则更适合应用于部品重复率

较高的工业化住宅项目中,其指导作用主要体现在以下几点:

(1)强调设计—施工一体化。精益建造关注建造项目全生命周期的动态精益控制[41],应该以精益建造为指导原则,从项目初期就兼顾工业化住宅全生命周期的所有要素,主要考虑工业化住宅施工环节的要素,强调设计与施工并行,重视不同环节之间的协同设计。

(2)重视部品工厂化生产。工业化住宅部品工厂化生产,适合精益建造中消除无增加价值的活动的原则,可以减少管理层级,使部品生产企业专注于工业化住宅部品构件的制造,有利于形成产业化集群,从而降低工业化住宅的生产成本[42]。

(3)管理过程精细化。精益建造以拉动式(Pull)技术实现客户利益最大化和浪费的最小化。通过逐步积累,构建充分、系统、精确的工业化住宅全程数据管理体系,可以消除各方之间的信息鸿沟,减少不必要的浪费;运用计算机技术支持,以数据管理体系为基础,可以提高计划控制的精细化程度,实现客户利益的最大化[43]。

(4)信息集成化。将工业化住宅协同设计各环节的信息集成,搭建信息共享平台,为设计—施工一体化、部品生产工厂化和管理精细化夯实基础,将工业化住宅的特性与精益建造的优势相结合,通过动态控制,实现工业化住宅全生命周期的协同。

注释

[1] [德]伊曼努尔·康德. 自然科学的形而上学基础 [M]. 邓晓芒,译. 上海:上海人民出版社,2003.

[2] [西德]赫尔曼·哈肯. 高等协同学 [M]. 郭治安,译. 北京:科学出版社,1989.

[3] [德]赫尔曼·哈肯. 协同学——大自然构成的奥秘 [M]. 凌复华,译. 上海:上海译文出版社,2013.

[4] 张纪岳,郭治安,胡传机. 评《协同学导论》[J]. 系统工程理论与实践,1982(03):63-64.

[5] Rodden T, Blair G S. Distributed Systems Support for Computer Supported Cooperative Work [J]. Computer Communications, 1992,15(8):527-538.

[6] 史美林,向勇,伍尚广. 协同科学——从"协同学"到 CSCW[J]. 清华大学学报(自然科学版),1997(01):87-90.

[7] Kamel N N. A Unified Characterization for Shared Multimedia CSCW Workspace Designs [J]. Information and Software Technology,1999,41(1):1-14.

[8] 陈泽琳. 计算机支持的协同项目设计模型[J]. 华南理工大学学报(自然科学版),1998(05):144-148.

[9] Rodden T, Blair G S. Distributed Systems Support for Computer Supported Cooperative Work [J]. Computer Communications,1992,15(8):527-538.

[10] 史美林,向勇,杨光信. 计算机支持的协同工作理论与应用[M]. 北京:电子工业出版社,2000:16-22.

[11] 宋海刚,陈学广. 计算机支持的协同工作(CSCW)发展述评[J]. 计算机工程与应用,2004(01):7-11.

[12] Rosenman M A, Gero J S. Modelling Multiple Views of Design Objects in a Collaborative Cad Environment [J]. Computer-Aided Design,1996,28(3):193-205.

[13] Kvan T. Collaborative Design:What is It ? [J]. Automation in Construction,2000,9(4):409-415.

[14] 徐雁,陈新度,陈新,等. PDM 与 ERP 系统集成的关键技术与应用[J]. 中国机械工程,2007(03):296-299.

[15] 赵瑞东,陆晶,时燕. 工作流与工作流管理技术综述[J]. 科技信息,2007(08):105-107.

[16] buildingSMART alliance. United States National Building Information Modeling Standard(Version 1-Part 1):Overview, Principles,and Methodologies [M/OL]. (2007-11) [2015-09-15]. https://www. nationalbimstandard. org/files/NBIMS-US_V3_Annex_B_NBIMS-V1P1_December_2007. pdf

[17] 刘爽. 建筑信息模型(BIM)技术的应用[J]. 建筑学报,2008(02):100-101.

[18] 张晓菲. 探讨基于 BIM 的设计阶段的流程优化[J]. 工业建筑,2013,43(7):155-158.

[19] 张德海,韩进宇,赵海南,等. BIM 环境下如何实现高效的建筑协同设计[J]. 土木建筑工程信息技术,2013,5(6):43-47.

［20］ 王勇,李久林,张建平. 建筑协同设计中的 BIM 模型管理机制探索［J］. 土木建筑工程信息技术,2014(06):64-69.

［21］ 龙玉峰,焦杨,丁宏. BIM 技术在住宅建筑工业化中的应用［J］. 住宅产业,2012(09):79-82.

［22］ 杨科,康登泽,车传波,等. 基于 BIM 的碰撞检查在协同设计中的研究［J］. 土木建筑工程信息技术,2013,5(4):71-75,98.

［23］ 杨科,车传波,徐鹏,等. 基于 BIM 的多专业协同设计探索系列研究之一:多专业协同设计的目的及工作方法［J］. 四川建筑科学研究,2013(02):394-397.

［24］ 丁烈云,龚剑,陈建国. BIM 应用·施工［M］. 上海:同济大学出版社,2015.

［25］ 王婷,刘莉. 利用建筑信息模型(BIM)技术实现建设工程的设计、施工一体化［J］. 上海建设科技,2010(1):62-63.

［26］ 代波. 系统工程理论与方法技术及其在管理实践中的应用研究［D］. 大连:东北财经大学,2011.

［27］ 张向睿. 系统工程理论与计算机技术在管理中的应用及前景［J］. 信息系统工程,2015(02):72-75.

［28］ 任军号,薛惠锋,寇晓东. 系统工程方法技术发展规律和趋势初探［J］. 西安电子科技大学学报(社会科学版),2004(01):18-22.

［29］ 汪应洛. 当代中国系统工程的演进［J］. 西安交通大学学报(社会科学版),2004(04):1-6.

［30］ 来可伟,殷国富. 并行设计［M］. 北京:机械工业出版社,2003.

［31］ 张玉云,熊光楞,李伯虎. 并行工程方法、技术与实践［J］. 自动化学报,1996,22(6):745-754.

［32］［34］ 孟明辰,韩向利. 并行设计［M］. 北京:机械工业出版社,1999.

［33］ 何浩,徐燕申. 并行设计研究现状及其发展趋势［J］. 机械设计,1998(01):2-5.

［35］ 龚景海,钟善桐,刘锡良. 建筑工程并行设计的研究［J］. 哈尔滨建筑大学学报,2000,33(5):61.

［36］ 吴子燕. 项目驱动下建筑产品并行设计关键技术研究［D］. 西安:西北工业大学,2006.

［37］ 冯仕章,刘伊生. 精益建造的理论体系研究［J］. 项目管理技术,2008(03):18-23.

［38］ 闵永慧,苏振民. 精益建造体系的建筑管理模式研究［J］. 建筑经济,2007(01):52-55.

［39］ 黄宇,高尚. 关于中国建筑业实施精益建造的思考［J］. 施工技术,2011,40(22):93-95.

［40］ Smith R,Mossman A, Emmitt S. Editorial:Lean and Integrated Project Delivery［J］. Lean Construction,2011:1-16.

［41］ Isabelina N, Laura H I. Effects of Lean Construction On Sustainability of Modular Homebuilding［J］. Journal of Architectural Engineering,2012,18(4):155-163.

［42］ Isabelina N, Michael A M. Lean Homebuilding:Lessons Learned From a Precast Concrete Panelizer［J］. Journal of Architectural Engineering,2011,17(12):155-161.

［43］ 包剑剑,苏振民,佘小颉. 精益建造体系下 BIM 协同应用的机制及价值流［J］. 建筑经济,2013(06):94-97.

第四章 工业化住宅协同设计的关键要素

第一节 工业化住宅协同设计的研究方法

在工业化住宅协同设计的理论基础上,如何用合理的方法明晰下一步的研究方向与重点至关重要。由于工业化住宅涉及的环节众多,功能复杂,直接用协同学的方法,试图一揽子解决工业化住宅推广及设计最优化,不仅工作量很大,而且技术上也很难实现。为此,本研究采用了"分解＋协同"的方法。

所谓分解,就是将复杂的大问题分解为简单的关键要素,其中包括目标分解与模型分解,可以采用现实分解法与非现实分解法。这样,对于每个关键要素,就可以直接用协同学的方法解决其局部最优化问题。

所谓协同,就是在各关键要素局部最优化的基础上,考虑相互关联、相互影响,通过协同控制,实现整个复杂问题的全局最优化,其中包括目标协同与模型协同,可以用"关联平衡"与"关联预估"等协同原则,按协同偏差进行反馈闭环控制。

采用"分解＋协同"的方法,可以分两步解决工业化住宅协同设计的问题:第一步分解,先化整为零;第二步协同,再合零为整,这是相辅相成、矛盾统一的过程。

第二节 本章的技术路线

本章的技术路线主要为上述研究方法的第一步:分解——将工业化住宅协同设计这个复杂的大问题,分解为若干个关键要素,对其重要性进行排序,作为下一步研究的重点问题与方向。具体的技术路线分为如下三个阶段:

第一阶段:明确工业化住宅协同设计的关键要素清单

工业化住宅协同设计的关键要素,主要是通过文献评论与专家访谈两个环节来确定。先运用文献评论,整理出所需要的初始关键要素,然后与18位工业化住宅领域的专家协商讨论,最终决定关键要素。这些专家有开发商、大学教授、政府官员等,都拥有工业化住宅领域丰富的经验与资历。由他们来判断是否需要增加或删减部分关键要素,最终形成一份包含 15 个工业化住宅协同设计的关键要素的清单。

第二阶段:设计调查问卷搜集数据

设计一份调查问卷,搜集关于上述 15 个关键要素的基础数据。调查问卷分为两个部分:第一部分调查受访者的背景;第二部分是受访者对工业化住宅协同设计的关键要素进行评级,评定它们的重要程度(5级制)。然后用 Email 和现场发放问卷对受访者进行数据收集,同时,利用滚雪球法,由受访者邀请他们熟知工业化住宅的同事等进行问卷调查。

第三阶段:数据分析与关键要素的评价

根据问卷调查的结果整理出各个关键要素的平均值和标准差,用方差分析(ANOVA)鉴别两组不同职业受访者的差异性,判断其认识是否具有同质性,以决定是否需分别分析其数据结果。最后,运用模糊集合理论(Fuzzy Set Theory)的一系列公式,得出关键要素对模糊集合的隶属程度;采用 λ 割集法(λ-cut set approach),根据通常惯用的 λ 值作为截止值,得出若干个属于合理范畴的关键要素,然后根据它们在工业化住宅协同设计的关键要素模糊集合中的隶属度值的高低,进行重要程度排序,作为下面几章的研究重点。

第三节　工业化住宅协同设计的关键要素清单的确定

一、文献来源

对国内建筑学、工程管理、建筑经济等方面的杂志中,有关工业化住宅的文献进行梳理,选择其中比较权威的杂志进行研究,并剔除一些影响因子低、口碑较差的刊物。主要文献来源于《建筑学报》《建筑师》《世界建筑》《时代建筑》《新建筑》《住宅科技》《住宅产业》《建筑技术》《建筑科学》《建筑经济》《施工技术》等刊物。

通过图书馆购买的 Science Direct 和 ASCE(美国土木工程师学会)数据库检索关于工业化住宅的关键词,并对文献来源进行整理,主要英文文献来源于 *Journal of Architectural Engineering*,*Automation in Construction*,*Journal of Computing in Civil Engineering*,*Journal of Construction Engineering and Management*,*Habitat International*,*Journal of Structural Engineering*,*Building and Environment*,*Journal of Management in Engineering*,*Design Studies*,*Lean Construction* 等期刊。

二、初始关键要素的确定

初始关键要素的形成包括两个环节:①文献评论;②专家深度访谈。先通过文献评论,对上述的中英文文献进行分类,整理出所需要的工业化住宅协同设计的若干关键要素的清单,然后与 18 位工业化住宅领域的专家深度访谈,商量决定关键要素。这些专家包括6位大学教授、2位政府官员、5位设计院高工、2位开发商、3位开发企业的设计总监,他们在工业化住宅领域,都拥有丰富的研究经验、管理经验与从业经历。通过与他们的深度访谈,请他们运用自己的个人经验,考虑该清单是否将所有影响工业化住宅协同设计的关键要素囊括在内;同时,请他们来判断,是否需要增加或删减部分关键要素。最后,对所有的访谈结果进行筛选,保留有价值的建议,最终形成一份包含15个要素的工业化住宅协同设计的关键要素清单(表4-1)。

表4-1　工业化住宅协同设计的关键要素清单

编码	影响工业化住宅协同设计的关键要素	主要参考文献(具体文献见本章后)
KF_1	协同设计的技术支撑工具与平台	Girmscheid & Rinas,2014;龙玉峰,等,2012;熊诚,2012;姬丽苗,等,2012
KF_2	协同设计的技术标准(国家或地方层面)	Oak,2012;胡惠琴,2012;周静敏,等,2012
KF_3	协同设计的成果交付要求	Sadafi, et al.,2012;刘东卫,等,2012
KF_4	协同设计的管理工具	Girmscheid & Rinas,2012;LI & HE,2013
KF_5	不同专业间的设计协同	Uihlein & P. E.,2013;刘东卫,等,2012
KF_6	异地协同设计的沟通工具	Shen, et al.,2010;Tang, et al.,2011;龙玉峰,2014
KF_7	设计专业与部品生产间的协同	Palacios, et al.,2014;郭戈,2009;郭戈和黄一如,2012;郭娟利,等,2013
KF_8	协同设计团队的组建	Zhou, et al.,2012;Kumaraswamy, et al.,2005
KF_9	全生命周期的协同设计	Jaganathan, et al.,2013;Jaillon & Poon,2014;张桦,2014;刘东卫,等,2012
KF_{10}	面向协同设计的专业软件	Girmscheid & Rinas,2014;龙玉峰,等,2012
KF_{11}	设计目标冲突的消解方法	Kim & Grobler,2009;龙玉峰,等,2012;黄亚斌,2010;姬丽苗,等,2012
KF_{12}	工业化住宅部品BIM模型库	Détienne, et al.,2005;周晓红,等,2012;郑炘和宣蔚,2013;李晓明,等,2009;胡向磊和王琳,2012
KF_{13}	设计人员对协同设计技能的掌握	龙玉峰,等,2012;刘东卫,等,2014
KF_{14}	政府对协同设计的政策支持与激励	QIU, et al.,2013;颜宏亮和苏岩芃,2013;乔为国,2012
KF_{15}	开发商对协同设计的接受程度	Nahmens, et al.,2011;周静敏,等,2014;纪颖波,2011

第四节　问卷调查及分析

一、问卷调查

数据的收集和整理,主要是用来分析工业化住宅协同设计关键要素的重要性,并对之进行排序。有许多学者对阻碍工业化住宅推广实施的要素进行的研究,都是运用的问卷调查法。先前的研究已经证明了,它是一种行之有效的方法。由于表4-1中的影响工业化住宅协同设计的关键要素只有15项,因此只需要设计一个简单的问卷评分系统,就足以获得并厘清受访者对此的观点,同时还可以确保随后数据分析所需的大量样本。调查问卷包含两部分:①关于受访者背景的问题;②受访者对15个关键要素的影响依次进行评分。为了得到相对客观的评价,笔者设计了分级评分系统来获得受访者对影响工业化协同设计的关键要素的认知。分级评分系统采用了李克特量表(Likert scale)。

李克特量表属于评分加总式量表中的一种,且在调查研究中的使用最为广泛。20世纪初的调查研究主要使用总加量表,美国社会心理学家李克特在此基础上,对之进行了改进,形成了李克特量表[1]。笔者设计的调查问卷(详见附件)中的量表包含了一组问题,每一问题都有"非常同意""同意""不一定""不同意""非常不同意"五种回答,分别记为5分、4分、3分、2分和1分。受访者在回答采用该种量表的调查问卷的具体分项问题时,他们必须详细地选择自己对该项问题的认同程度,因此,他们对各题回答的分数的合计,就代表了他们对这个问题的认同程度,反映了他们在该问题上的强弱态度。

问卷调查的受访对象主要是在国内从事工业化住宅研究与实践的人员。受访对象主要分为两个阶层:从事工业化住宅研究的专家学者和工业化住宅项目的一线从业者。专家学者的抽样范围主要来自文献研究,笔者对国内工业化住宅代表性文献进行收集整理后,从中随机挑选了30位专家,通过Email进行访谈,得到了23份有效回馈。一线从业者的抽样范围主要来自住建部住宅产业化促进中心主办的"第十三届中国国际住宅产业暨建筑工业化产品与设备博览会"的参展企业,笔者在展会上对从事工业化住宅经验丰富的设计企业、产品生产企业、施工企业的专业人士发放了60份调查问卷,有效回收了46份调查问卷。

同时,笔者在从事工业化住宅研究的过程中,也与一些专家学者、设计院和部品生产施工企业建立了固定的联系,对他们进行了调查问卷的访谈。在此基础上,为了扩大样本数据的规模,运用了滚雪球抽样(Snowball sampling)[2],即对上述受访对象访谈后,再请他们提供了另外一些从事工业化住宅研究与实践的调查对象,也请他们协助笔者发放了大量的调查问卷。尽管学界对滚雪球抽样的缺点存在质疑,这种方法仍使笔者接触了许多工业化住宅一线从业人员,并得到了许多的调查问卷的反馈。通过这种途径,共计回收了26份有效的调查问卷。

最终,笔者收集了95份有效的调查问卷。其中,一线从业者有58位(占61%),专家学者有37位(占39%)。受访者的基本信息(性别、学历、工作经验等)汇总见表 4-2。

表 4-2　受访者基本信息统计

变量	分类	样本数量	所占比例(%)
性别	男性	75	78.9%
	女性	20	21.1%
教育程度	博士、硕士学历	38	40.0%
	本科学历	47	49.4%
	大专学历	7	7.3%
	高中毕业	3	3.3%
职称或职务	教授或副教授	35	36.8%
	研究员	8	8.4%
	项目经理	16	16.8%
	高工	15	15.8%
	工程师	12	12.6%
	其他	9	9.6%
工作经历(从事工业化住宅的经验)	<3 年	40	42.1%
	3~5 年	26	27.4%
	5~10 年	18	18.9%
	>10 年	11	11.6%

为了检验受访者观点的同质性(Homogeneity),通过方差分析(Analysis of Variance,简称 ANOVA),对受访者打分的平均值(Mean)和标准差(Standard Deviation)进行了显著性检验[3]。随后运用模糊集合理论(Fuzzy Set Theory)对关键要素的隶属度进行分析,详见下节。

二、数据分析

1. 同质性分析

下文运用的"方差分析"的方法,又称"变异数分析"或"F 检验",是罗纳德·费希尔(Ronald Fisher)发明的,主要用于两个或多个样本均数差别的显著性检验。通过观测变量的方差开始,方差分析旨在多个变量中辨析出对观测变量影响显著的变量。其次,方差分析还需要对各个观测变量的总体方差进行检验[4]。其有一个前提要求:各个观测变量总体方差之间无显著差异。如果前提要求得到了满足,就可以认为各总体分布相同。因此,对方差是否齐性还需要进行检验。SPSS 单因素方差分析中,方差齐性检验采用了方差同质性(Homogeneity of Variance)检验方法,其原假设是:各水平下观测变量总体的方差无显著差异[5]。

而显著性检验(Significance Test),是指事先对总体(随机变量)的参数或总体分布形式做出一个假设,然后利用样本信息来判断这个假设(备则假设)是否合理,即判断总体的真实情况与原假设是否有显著性差异。或者说,显著性检验要判断样本与我们对总体所做的假设之间的差异是纯属机会变异,还是由我们所做的假设与总体真实情况之间不一致所引起的。显著性检验是针对我们对总体所做的假设做检验,其原理就是"小概率事件实际不可能性原理"来接受或否定假设。

标准差(Standard Deviation),也称均方差,是离均差平方和平均后的方根,用σ表示。标准差是方差的算术平方根。标准差能反映一个数据集或组内个体间的离散程度,即组内平均值相同的,离散程度未必相同[6]。简单来说,标准差是一组数据平均值分散程度的一种度量。一个较大的标准差,代表大部分数值和其平均值之间差异较大;一个较小的标准差,代表这些数值较接近平均值。在本例中,标准差数值越大,代表组内观点远离平均数值,受访对象对该问题的看法差异性越大。相反,标准差数值越小,代表所有成员对该问题的看法差异性越小,看法趋同。

表4-3 影响工业化住宅协同设计的关键要素得分汇总表

编码	所有打分(N=95)		一线从业者的打分(N=58)		专家学者的打分(N=37)	
	平均值	标准差	平均值	标准差	平均值	标准差
KF_1	4.21	0.63	4.16	0.68	4.30	0.66
KF_2	2.86	0.82	2.78	0.92	3.01	0.67
KF_3	2.77	0.75	2.80	0.76	2.75	0.72
KF_4	2.96	0.86	2.95	0.81	2.97	0.91
KF_5	3.37	0.77	3.05	0.65	3.86	0.66
KF_6	3.06	0.75	2.97	0.69	3.22	0.79
KF_7	2.99	0.70	2.95	0.76	3.05	0.65
KF_8	2.88	0.77	2.79	0.71	3.04	0.81
KF_9	3.78	0.63	3.71	0.61	3.90	0.65
KF_{10}	3.76	0.78	3.51	0.63	4.14	0.78
KF_{11}	4.02	0.70	4.01	0.71	4.03	0.72
KF_{12}	3.52	0.79	3.21	0.65	4.01	0.63
KF_{13}	2.82	0.75	2.75	0.69	2.93	0.78
KF_{14}	2.68	0.80	2.65	0.85	2.73	0.77
KF_{15}	2.72	0.70	2.69	0.73	2.85	0.67

对影响工业化住宅协同设计的关键要素打分的平均值和标准差详见表4-3。这些数据可用于估计并评判在影响工业化住宅协同设计的关键要素上的总体意见和差异性。例如,KF_1代表关键要素"协同设计的技术支撑工具与平台",其总平均值为4.21,标准差为0.63。在这个要素的评分中,一线从业者的平均值为4.16,标准差为0.69,而专家学者的平均值则为4.30,标准差为0.66。这表示,专家学者比一线从业者认为"协同设计的技术支撑工具与平台"对工业化住宅协同设计的影响要大一些。

在此基础上,运用ANOVA对一线从业者与专家学者之间的总体差异进行显著性检验。这个环节运用了SPSS软件进行数据分析。在ANOVA过程中,SPSS默认的概率P值为0.05,即若P>0.05,则一线从业者与专家学者之间的总体差异较小,可认为他们的结论是同质的;若P<0.05结论则反之。在本案例中,经过SPSS软件分析,四个指标的概率P值均低于0.05,这表示同质性判断与初始假设不符。因此,这两组

调研人群的观点,在进一步的分析中,应区别对待。

2. 隶属度分析

为了对影响工业化住宅协同设计的关键要素进行重要性排序,需运用模糊集合理论,分析表4-1中的关键要素的隶属度。

模糊集合理论是由美国加利福尼亚大学的数学家扎德教授(L. A. Zadeh)提出的[7]。他在研究中发现,对于模糊性问题,经典集合理论解释得不够合理。相比经典集合理论,隶属度在描述模糊性问题上更为有效。隶属度主要用来进行模糊综合评价,可以对受多因素影响的对象进行综合评价,且非常简单合理。它的优点表现在对评价结论不是完全地否定或肯定,而是以一个模糊集合来表达。

对模糊集合理论可以简要地描述如下:假设在论域(研究的范围)U中的任一元素 x,都有一个数 $A(x) \in [0,1]$ 与之对应,则称 A 为 U 上的模糊集,$A(x)$ 称为 x 对 A 的隶属度。当 x 在 U 中变动时,$A(x)$ 就是一个函数,称为 A 的隶属函数。隶属度 $A(x)$ 越接近于1,表示 x 属于 A 的程度越高,$A(x)$ 越接近于0,表示 x 属于 A 的程度越低。用取值于区间[0,1]的隶属函数 $A(x)$ 表征 x 属于 A 的程度高低,这样描述模糊性问题比起经典集合论更为合理。

隶属度函数是模糊综合评价的决定性环节,因此构造正确的隶属度函数非常关键。虽然从本质上来说,隶属度函数的推理决定过程相对客观,但由于主观评价者在模糊概念上认识程度的差异性,因此,隶属度函数的确定又带有一定的主观性。

对于本案例的研究,需要首先指定 $\widetilde{A}$ 代表关键要素的模数集合,例如:

$$\widetilde{A} = \mu_{\widetilde{A}}(x_{11}) / x_{11} + \mu_{\widetilde{A}}(x_{12}) / x_{12} + \cdots = \sum_{i=0}^{n} \sum_{j=1}^{m} \mu_{\widetilde{A}}(x_{ij}) / x_{ij} \quad (1)$$

其中,x_{ij} 表示的是表4-1中的一个关键要素;n 代表的是关键要素分类的数量(本案例为2);m 表示的是每一个分类下的关键要素数量。$\mu_{\widetilde{A}}(x_{ij})$ 指代的则是模糊集合 A 中的 x_{ij} 的隶属度,假设取值范围在0和1之间,也就是说 $\mu_{\widetilde{A}}(x_{ij}) \in [0,1]$。需要注意的是,符号"+"与"/"的意思不是数学运算中的"加"和"除",它们只是模糊集合中的一个符号。"/"在 $\mu_{\widetilde{A}}(x_{ij}) / x_{ij}$ 中指代 x_{ij} 的隶属度关系是 $\mu_{\widetilde{A}}(x_{ij})$,而"+"则可以被看作是逻辑运算中的"和"。

在本例运用模糊集合理论的过程中,模糊集合中的关键要素隶属度,主要是用来确认这个关键要素影响工业化住宅协同设计的重要性程度及其排序。这种方法可以消除临界值法(cut-off value method)在确认关键要素重要性程度的弱点。因为每一个关键要素的具体打分取值范围为1到5之间,所以可以把3分当作区分关键要素是否重要的界限。据此可以认为,若关键要素的平均值低于3分的话,关键要素是否重要的概率肯定是低于50%的。因此,涉及每一个具体的关键要素,只有超过3分的打分,才会被视为分析关键要素重要性的有效分数。基于模糊集合理论,关键要素囊括在关键要素模糊集合中的概率,即关键要素模糊集合的隶属度。综上,$\mu_{\widetilde{A}}(x_{ij})$ 的隶属度可以被描述如下:

$$\mu_{\widetilde{A}}(x_{ij}) = \int_{3}^{5} f(V_{x_{ij}}) \quad (2)$$

其中，$V_{x_{ij}}$ 是评价关键要素 x_{ij} 时打分范围在 3 分到 5 分之间的分数，而 $f(V_{x_{ij}})$ 代表的则是其出现的频率。通过对出现频率 $f(V_{x_{ij}})$ 的求和，可以得到 $\mu_{\tilde{A}}(x_{ij})$ 的隶属度。

另外，由于分析数据被分为两组（一线从业者和专家学者），因此，有两个关键要素模糊集合，分别用 $\tilde{A}_A$ 和 $\tilde{A}_B$ 来表示，其隶属度则用 $\mu_{\tilde{A}_A}$ 和 $\mu_{\tilde{A}_B}$ 表示。根据公式（2），可以计算出 $\mu_{\tilde{A}_A}$ 和 $\mu_{\tilde{A}_B}$ 的隶属度的值，详见表 4-4。

根据模糊集合理论中的合并操作符的概念，两组数据综合分析后的关键要素的模糊集合可以用如下公式求出：

$$\tilde{A} = \tilde{A}_A \bigcup \tilde{A}_B = \{\chi, \mu_{\tilde{A}_A \cup \tilde{A}_B}\} \tag{3}$$

其中：

$$\mu_{\tilde{A}_A \cup \tilde{A}_B} = \mu_{\tilde{A}}(x_{ij}) = \min\{1, [\mu_{\tilde{A}_A}(\chi)^p + \mu_{\tilde{A}_B}(\chi)^p]^{1/P}\}, P \geqslant 1 \tag{4}$$

上述公式中，p 指代的是关键要素的数量（本案例为 15）。将表 4-4 中的 $\mu_{\tilde{A}_A}$ 和 $\mu_{\tilde{A}_B}$ 代入公式（4），最终可以算出两组数据综合后的关键要素 $\mu_{\tilde{A}}(x_{ij})$ 的隶属度的值（见表 4-4）。

表 4-4　关键要素隶属度汇总表

编码	一线从业者	专家学者	基于模糊集合的综合汇总值
	$\mu_{\tilde{A}_A}$	$\mu_{\tilde{A}_B}$	$\mu_{\tilde{A}}$
KF_1	0.947	0.959	1.000[a]
KF_2	0.408	0.512	0.513
KF_3	0.398	0.369	0.402
KF_4	0.478	0.488	0.503
KF_5	0.576	0.826	0.826
KF_6	0.493	0.607	0.608
KF_7	0.488	0.500	0.516
KF_8	0.392	0.509	0.509
KF_9	0.859	0.925	0.939[a]
KF_{10}	0.779	0.925	0.929[a]
KF_{11}	0.921	0.932	0.973[a]
KF_{12}	0.585	0.951	0.951[a]
KF_{13}	0.363	0.467	0.468
KF_{14}	0.347	0.372	0.379
KF_{15}	0.331	0.407	0.408

[a]注释：隶属度超过 0.85 的值。

三、关键要素的确定

为了能从表 4-4 中，确定影响工业化住宅协同设计的关键要素，研究

采用了 λ 割集法（λ-cut set approach）。割集也被称作截止集，它集合了导致研究目的发生的基本数据。简单地说，就是若所有数据中的一组基本数据的发生，能够达到研究目的，这组基本数据就叫割集。引起研究目的发生的基本数据的最低限度的集合叫最小割集[8]。

采用这种方法，只需要找到截止值 λ 即可。只要某个关键要素的隶属度超过了截止值 λ，就可以认为这个关键要素对于工业化住宅协同设计的影响比较大。因此，截止值 λ 决定了模糊集合中关键要素的最终入选数量。例如，如果 λ＝0，就意味着所有的关键要素都很重要，而如果 λ＝1，则意味着重要的关键要素就很少甚至是零。根据以往的案例研究，在本例中选择 λ＝0.85 作为截止值来判断关键要素的重要程度。基于这个评价标准，结合表 4-4 中的数据，最终对工业化住宅协同设计影响较大的关键要素代码如下：KF_1、KF_{11}、KF_{12}、KF_9、KF_{10}。

本章小结

通过问卷调查及其数据分析，研究找到了影响工业化住宅协同设计的比较重要的五个关键要素（KF_1、KF_{11}、KF_{12}、KF_9、KF_{10}），这些关键要素将会对研究清楚工业化住宅协同设计的方法起到至关重要的作用。根据隶属度的分析，这五个关键要素的重要程度从高至低依次如下：

（1）协同设计的技术支撑工具与平台（隶属度 λ＝1.000）；
（2）设计目标冲突的消解方法（隶属度 λ＝0.973）；
（3）工业化住宅部品 BIM 模型库（隶属度 λ＝0.951）；
（4）全生命周期的协同设计（隶属度 λ＝0.939）；
（5）面向协同设计的专业软件（隶属度 λ＝0.929）。

综上所述，这五个关键要素在工业化住宅协同设计中的重要性位居前列，厘清这几个关键要素如何在工业化住宅的协同设计中发挥作用，就能够大致掌握工业化住宅协同设计的基本方法。因此，本书的后续研究将以这五个关键要素为研究对象，在接下来的章节展开研究，力争将复杂的工业化住宅协同设计的策略方法分为几个具体环节一一解答。

（注：接下来的四章中，第五章"基于 BIM 的工业化住宅协同设计技术平台"对应的是 KF_1"协同设计的技术支撑工具与平台"和 KF_{10}"面向协同设计的专业软件"，第六章"工业化住宅协同设计中的冲突消解"对应的是 KF_{11}"设计目标冲突的消解方法"，第七章"工业化住宅部品 BIM 模型库的构建研究"对应的是 KF_{12}"工业化住宅部品 BIM 模型库"，第八章"基于 BIM 和 IPD 的工业化住宅协同设计的系统整合"对应的既是 KF_9"全生命周期的协同设计"，也是对所有关键要素的系统整合。）

注释

[1] 亓莱滨. 李克特量表的统计学分析与模糊综合评判[J]. 山东科学,2006,19(2):18-23,28.

[2] 耿磊磊. "滚雪球"抽样方法漫谈[J]. 中国统计,2010(08):57-58.

[3] 陈希镇,曹慧珍. 判别分析和SPSS的使用[J]. 科学技术与工程,2008,8(13):3567-3571,3574.

[4] 杨小勇. 方差分析法浅析——单因素的方差分析[J]. 实验科学与技术,2013(01):41-43.

[5] 杨承根,杨琴. SPSS项目分析在问卷设计中的应用[J]. 高等函授学报(自然科学版),2010(03):107-109.

[6] 黄歌润,叶子解. 同质性检验方法及其应用[J]. 电子产品可靠性与环境试验,1996(03):5-13.

[7] 管野道夫,孙章,金晓龙. 模糊集合理论的发展[J]. 世界科学译刊,1979(12):10-16.

[8] 季桂树,卢志渊,李庆春. 一种求解最小割集问题的新思路[J]. 计算机工程与应用,2003,39(2):98-100.

表4-1 相关参考文献：

[1] Détienne F,Martin G,Lavigne E. Viewpoints in Co-Design：A Field Study in Concurrent Engineering [J]. Design Studies,2005,26(3)：215-241.

[2] Girmscheid G,Rinas T. A Tool for Automatically Tracking Object Changes in BIM to Assist Construction Managers in Coordinating and Managing Trades. [J]. Journal of Architectural Engineering,2014(6)：164-175.

[3] Jaganathan S,Nesan L J,Ibrahim R,et al. Integrated Design Approach for Improving Architectural Forms in Industrialized Building Systems [J]. Frontiers of Architectural Research,2013,2(4)：377-386.

[4] Jaillon L,Poon C S. Life Cycle Design and Prefabrication in Buildings：A Review and Case Studies in Hong Kong[J]. Automation in Construction,2014,39(4):195-202.

[5] Kim H,Grobler F. Design Coordination in Building Information Modeling (BIM) Using Ontological Consistency Checking[J]. In Computing in Civil Engineering. 2009;410-420.

[6] Kumaraswamy M M,Ling F Y,Rahman M M,et al. Constructing Relationally Integrated Teams[J]. Journal of Construction Engineering and Management,2005,131(10):1076-1086.

[7] Li Z,He D. Discuss a Method of Collaborative Construction Project Information Management Based on BIM[J] // ICCREM,2013.

[8] Isabelina N,Vishal B. Is Customization Fruitful in Industrialized Homebuilding Industry? [J]. Journal of Construction Engineering and Management,2011,137(12):1027-1035.

[9] Oak A. You Can Argue it Two Ways：The Collaborative Management of a Design Dilemma [J]. Design Studies,2012,33(6):630-648.

[10] Palacios J L,Gonzalez V,Alarcón L F. Selection of Third-Party Relationships in Construction [J]. Journal of Construction Engineering and Management,2014,140:B4013001-B4013005.

[11] Qiu Y,Wu Y,Yang N. The Real Estate Project-Group Progress Synergetic Management-Based on Spatial Network Structure[C]//ICCREM 2013,Construction and Operation in the Context of Sustainability ASCE,2015.

[12] Rahman N,Cheng R,Bayerl P S. Synchronous Versus Asynchronous Manipulation of 2D-objects in Distributed Design Collaborations：Implications for the Support of Distributed Team Processes [J]. Design Studies,2013,34(3):406-431.

[13] Sadafi N,Zain M F M,Jamil M. Adaptable Industrial Building System：Construction Industry Perspective [J]. Journal of Architectural Engineering,2012,18(2):140-147.

[14] Shen Y,Ong S K,Nee A Y C. Augmented Reality for Collaborative Product Design and Development [J]. Design Studies,2010,31(2):118-145.

[15] Tang H H,Lee Y Y,Gero J S. Comparing Collaborative Co-Located and Distributed Design Processes in Digital and Traditional Sketching Environments：A Protocol Study Using the Function - Behaviour - Structure Coding Scheme [J]. Design Studies,2011,32(1):1-29.

[16] Uihlein M S,P. E. M. State of Integration：Investigation of Integration in the A/E/C Community [J]. Journal of Architectural Engineering,2013(12):5013001-5013004.

[17] Zhou W,Georgakis P,Heesom D,et al. Model-Based Groupware Solution for Distributed Real-Time Collaborative 4D Planning through Teamwork [J]. Jounal OF Computing in Civil Engineering,2012,26:597-611.

[18] 郭娟利,高辉,房涛. 构建工业化住宅建筑体系与建筑部品设计方法研究——SDE 2010(太阳能十项全能竞赛)实例研究[J]. 工业建筑,2013,43(6):42-46,51.

[19] 郭戈. 面向先进制造业的工业化住宅初探[J]. 住宅科技,2009(11):7-13.

[20] 郭戈,黄一如. 从规模生产到数码定制——工业化住宅的生产模式与设计特征演变[J]. 建筑学报,2012(04):23-26.

[21] 胡惠琴. 工业化住宅建造方式——《建筑生产的通用体系》编译[J]. 建筑学报,2012(4):37-43.

[22] 胡向磊,王琳. 工业化住宅中的模块技术应用[J]. 建筑科学,2012,28(9):75-78.

[23] 黄亚斌. BIM技术在设计中的应用实现[J]. 土木建筑工程信息技术,2010(04):71-78.

[24] 姬丽苗,张德海,管棣瑜. 建筑产业化与BIM的3D协同设计[J]. 土木建筑工程信息技术,2012(04):41-42.

[25] 纪颖波. 新加坡工业化住宅发展对我国的借鉴和启示[J]. 改革与战略,2011,27(7):182-184.

[26] 刘东卫,范雪,朱茜,等. 工业化建造与住宅的"品质时代"——"生产方式转型下的住宅工业化建造与实践"座谈会 [J]. 建筑学报,2012(04):1-9.

[27] 刘东卫,蒋洪彪,于磊. 中国住宅工业化发展及其技术演进[J]. 建筑学报,2012(4):10-18.

[28] 刘东卫,闫英俊,梅园秀平,等. 新型住宅工业化背景下建筑内装填充体研发与设计建造[J]. 建筑学报,2014(7):10-16.

[29] 龙玉峰,焦杨,丁宏. BIM 技术在住宅建筑工业化中的应用 [J]. 住宅产业,2012(09):79-82.

[30] 龙玉峰. 工业化住宅建筑的特点和设计建议 [J]. 住宅科技,2014,34(6):50-52.

[31] 李晓明,赵丰东,李禄荣,等. 模数协调与工业化住宅建筑 [J]. 住宅产业,2009(12):83-85.

[32] 乔为国. 新兴产业启动条件与政策设计初探——基于工业化住宅产业的研究 [J]. 科学学与科学技术管理,2012(05):90-95.

[33] 熊诚. BIM 技术在 PC 住宅产业化中的应用 [J]. 住宅产业,2012(06):17-19.

[34] 颜宏亮,苏岩芃. 我国工业化住宅发展的社会学思考 [J]. 住宅科技,2013,33(1):16-19.

[35] 张桦. 全生命周期的"绿色"工业化建筑——上海地区开放式工业化住宅设计探索[J]. 城市住宅,2014(5):34-36.

[36] 周静敏,苗青,李伟,等. 英国工业化住宅的设计与建造特点 [J]. 建筑学报,2012(4):44-49.

[37] 周静敏,苗青,司红松,等. 住宅产业化视角下的中国住宅装修发展与内装产业化前景研究[J]. 建筑学报,2014(7):1-9.

[38] 郑炘,宣蔚. 欧美建筑模数制在住宅工业化体系中的应用研究 [J]. 建筑与文化,2013(2):82-85.

[39] 周晓红,林琳,仲继寿,等. 现代建筑模数理论的发展与应用 [J]. 建筑学报,2012(4):27-30.

第五章　基于 BIM 的工业化住宅协同设计技术平台

第一节　本章研究目的

准确和充分的数据交换是协同设计的基础。在传统二维设计模式下，多采用定期、节点性的互提资料（简称提资），通过图纸来进行专业间的业务数据交换，这种传统方式明显存在着数据交换不充分、理解不完整的问题。此外，图纸间缺乏相互的数据关联性，也经常会造成不同图纸表达不一致的问题[1]。应用 BIM 技术后，各方可基于统一的 BIM 模型随时获取所需的数据，实现并行的协同工作模式，改善各方内部及相互间的工作协调与数据交换方式[2]。

传统二维设计技术提供的是一种基于图纸的信息表达方式，该方式使用分散的图纸表达设计信息，所表达的设计信息是分散、不完整的，它们之间缺少必要的和有效的自动关联。这导致设计人员无法及时参照他人的中间设计成果，因而通常采用分时、有序的串行业务模式，信息交换只能通过定期、节点性的方式实现，提资就是一种典型的实现方式。

BIM 技术提供了统一的数字化模型表达方法，可用于共享和传递专业内、专业间，以及阶段间的几何图形数据、相关参数内容和语义信息[3]，可以在真正意义上支持多专业团队协同共享的并行业务模式[4]。这种业务模式的变化必然导致传统串行业务流程的改变，并会对与其相关的设计效率产生影响，同时也会使原有的协同方式发生相应的变化[5]。

Autodesk 公司发布的一份研究报告表明，运用 BIM 模式进行设计，可以节约大量的时间[6]。该报告主要引用美国佐治亚州的一家建筑设计公司的实际项目统计数据来做说明。为了量化比较 BIM 模式和传统 CAD 模式在设计阶段的工作量差别，以便客观评价生产力提升的变化，该公司在两个规模和范围基本相同的设计项目中，分别使用了 BIM 模式和传统 CAD 模式，然后将设计流程中不同阶段所花费的时间量进行统计比较，并给出了具体的时间量变化，如表 5-1 所示。

表 5-1 在 CAD 模式和 BIM 模式下，不同设计阶段的时间量比较（时间单位：小时）

任务	二维用时	BIM 用时	节约时间	节约比例
方案设计	190	90	100	53%
初步设计	436	220	216	50%
施工图及文档制作	1 023	815	208	20%
协调与检查	175	16	159	91%
总计	1 824	1 141	683	37.4%

从表格中的数据可以看出，使用 BIM 技术在整个设计流程中生产效率获得了较大的提升，平均达到了 38%。其中，协调与检查环节的提升最为明显，达到了 91%；其次是方案设计阶段和初步设计阶段，均提升 50% 左右；而对提升相对较小的施工图设计阶段也达到了 20%。

工业化住宅协同设计实施的关键在于，重新定义和规范这种新的业务模式。通过重新梳理和定义，保证基于 BIM 的工业化住宅协同设计过程运转顺畅，从而提高设计工作效率，保证设计水平和产品质量，降低设计成本。

因此，本章的研究目的在于，搭建一个全面的基于 BIM 的工业化住宅协同设计技术平台，制定一个可扩展的基于 BIM 的工业化住宅协同设计实施框架，并给出切实可行的实施路线。通过落实 BIM 平台构建中的具体措施，使得工业化住宅设计工作顺利、高效、低成本地进行，保证基于 BIM 的工业化住宅协同设计的实施解决方案能够与工业化住宅开发单位自身的业务战略有机结合，为工业化住宅设计及实施企业提供有效的技术支撑和管理支撑。

第二节　本章的技术路线

本章的研究，将基于 BIM 的工业化住宅协同设计技术平台的层级架构，自上而下分为 BIM 框架（Framework）、BIM 协议（Protocols）、BIM 软件（Software）三部分。BIM 框架旨在通过理论建设（描述或规定 BIM 知识的不同领域，如技术、过程、政策等，及它们的一般要求），搭建宏观框架。BIM 协议旨在实践层面引导项目的执行实施。BIM 软件旨在应用技术层面具体控制项目的协同设计。具体的技术路线分为如下三个阶段：

第一阶段：评论并筛选 BIM 框架

首先评论已有的 BIM 框架，然后根据合适的评价标准筛选，将其作为 BIM 协议的基础。在文献评论中，挑选清华 BIM 课题组的《中国建筑 BIM 标准框架》作为 BIM 框架的主要参考。

第二阶段：形成面向工业化住宅协同设计的 BIM 协议

其次用扎根理论和知识可视化方法，在 BIM 框架的基础上形成 BIM 协议的知识图谱（以概念图谱的形式表达）。BIM 协议的形成主要运用扎根理论，综合市面上的 BIM 协议，抽象归纳成面向工业化住宅协同设计的 BIM 协议。

第三阶段：找出适合工业化住宅协同设计的 BIM 软件

在面向工业化住宅协同设计的 BIM 协议的指导下，研究市面上的 BIM 软件，比较它们的协同特点和功能，挑选一款或两款适合协同设计的软件，作为工业化住宅协同设计技术平台的 BIM 软件。研究的最终目的是为促进工业化住宅的协同设计效率提升搭建软件基础。

第三节　协同设计技术平台的层级架构及概念诠释

一、协同设计技术平台的层级架构

正如被誉为"BIM 之父"的查尔斯 M. 伊士曼（Charles M. Eastman）在其著作中所指出的，BIM 不仅仅意味着某种技术的变迁，更代表着设计与建造流程的改变[7]。BIM 作为一项颠覆性的技术，正促使着无数建筑从业者们对设计、建造和运营等环节的重新思索。迄今为止，已经有许多学者和企业在工业化住宅的研究与实践中，对 BIM 的介入和融合进行了初步的探索。多数学者已经意识到 BIM 在工业化住宅的设计中发挥了一定的协同作用，但目前还缺乏一个系统的综合应用体系。目前 BIM 在工业化住宅方面的研究局限主要在于：缺少综合性的针对协同设计的 BIM 技术平台，并不能对 BIM 参与工业化住宅协同设计的整个流程进行梳理和指导，也缺乏有针对性的软件应用探索。因此，急需搭建一个基于 BIM 的工业化住宅协同设计技术平台，关于这一点，许多专家已经达成共识，这在本书第四章的结论中已经得到证实。

在国内外针对工业化住宅和 BIM 研究的基础上，本研究将基于 BIM 的工业化住宅协同设计技术平台的层级架构，由宏观层面到微观层面，分为面向工业化住宅协同设计的 BIM 框架、针对工业化住宅协同设计的 BIM 协议、适合工业化住宅协同设计的 BIM 软件三部分（图 5-1）。宏观层面的架构重在理论指导和宏观框架；中观层面的组成强调引导措施；微观层面的实施落实在有具体的技术支撑和实现措施。

二、概念诠释

1. BIM 框架（BIM Framework）

比埃尔·苏卡尔（Bilal Succar）在其研究中指出，BIM 框架是一个多维度的体系，由三大部分组成，可以用一个三轴知识模型来表述（图 5-2）：BIM 的研究领域表述的是项目参与者及其变量，在模型中位于 x 轴；BIM 的发展阶段勾画的是 BIM 实施水平的成熟度，位于模型中的 y 轴；BIM 的渗透程度为确认、评估和证明 BIM 的研究领域和发展阶段，提供了深度和广度的范式，其在模型中位于 z 轴[8]。

（1）BIM 的研究领域由三个连锁效应的环节组成：技术、过程和政策。每个环节都有两个子领域：项目参与者及其行为。技术环节将项目参与者组织起来，专注于发展有助于提升建筑领域设计效率、生产效率的软件、硬件、设备和网络系统；过程环节是指项目参与者（业主、建筑师、工程师、施工方等）规划、设计、生产、建造、使用、运营和维护建筑物的一系列环节；政策环节是指集中研究建筑全生命周期的法规、标准、导则等的

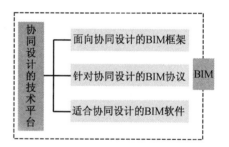

图 5-1　基于 BIM 的工业化住宅协同设计技术平台的层级架构
图片来源：作者自绘

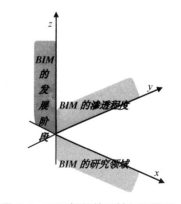

图 5-2　BIM 框架的三轴知识模型
图片来源：作者自绘

政府机构和研究机构的行为。连锁效应则意味着,这三个环节不是孤立存在的,它们相互之间在很多层面是有交集的。

（2）BIM 的发展阶段勾画的是 BIM 实施水平的逐渐成熟度,包含技术、过程和政策三个部分,可分为三个阶段:阶段 1,面向对象的建模;阶段 2,基于模型的协同;阶段 3,基于网络的整合。这三个阶段都涉及 BIM 的数据交换,阶段之间的进阶则代表 BIM 实施水平的不断深化与完善。

（3）BIM 的渗透程度是应用于 BIM 研究范围和发展阶段的不同层次的分析,它能将 BIM 的范畴抽象剥离出来,去除多余的细节。它可以厘清在学科、范围和概念层面的 BIM 知识观。

因此,搭建面向工业化住宅协同设计的 BIM 框架的主要目的是,通过系统的理论构建推进 BIM 在协同设计中的理解,同时描述或规定 BIM 的不同研究领域(如技术、过程和政策等)对协同设计的要求。

2. BIM 协议(BIM Protocols)

所谓的协议,是指达到某目标或传递可量化成果的过程或条件。它们可以是文本或图表格式(进程图、流程表、流程框架等),在这里要辨析清楚其与标准的区别。所谓标准,是政策层面或法规层面的要求,而协议是指在某个阶段,以一种符合标准的规则来实现想要做的事情,应该就算是一种协议。因此,BIM 协议相当于是在 BIM 标准和 BIM 框架基础上的技术规则[9]。建立针对工业化住宅协同设计的 BIM 协议,其目标定位在技术层面,通过详细的流程框架或流程图,引导实际工业化住宅协同设计项目的执行实施。

3. BIM 软件

按照具体功能,BIM 软件一般分为三类:第一类,基于绘图建模的 BIM 软件。一般是指用来创建、编辑或管理含有建筑信息的模型的绘图软件。第二类,基于专业的 BIM 软件。这类软件较多,但是涉及的专业不同。市场上大部分都是基于 AutoCAD 平台开发的针对建筑专业、结构专业或暖通专业的专业化 BIM 软件。第三类,基于管理的 BIM 软件。这类软件主要关注建筑设施管理领域,即在建筑的全生命周期管理上开发的专业性软件。

虽然关于 BIM 的软件非常多,但是市场上还没有专门针对工业化住宅或协同设计,开发研究出专门的 BIM 软件。本研究的目的也不是开发这类软件,而是通过基于 BIM 的工业化住宅协同设计的技术平台的搭建,试图在市场上找到一款适合工业化住宅协同设计的 BIM 软件,能够支持工业化住宅的协同设计。

三、初始假设与研究方法

正如上述的概念所诠释的一样,BIM 涵盖的范围非常大,如何基于 BIM,建立一个适合工业化住宅协同设计的技术平台,需要在深度上进行探讨。因此,本研究认为,要想建立基于 BIM 的工业化住宅协同设计技术平台,首先需要构建一个面向工业化住宅协同设计的 BIM 框架,这个框架应该是一个基于 BIM 框架的深化版,深化 BIM 的研究领域、发展阶段及渗透程度,使之更适应工业化住宅和协同设计的要求;其次需要在深化版 BIM 框架的基础上,建立针对工业化住宅协同设计的 BIM 协议,指导并驱动工业化住宅协同设计的实施;最后,还需要梳理清晰,哪些 BIM

软件适合工业化住宅的协同设计,真正在技术层面实现协同设计的应用。综上,在本研究中,针对工业化住宅协同设计的 BIM 协议,应该是以面向工业化住宅协同设计的 BIM 框架为基础,并以它为出发点,而 BIM 软件的探讨,也是以前两点为基础和出发点。

在本章的总体研究目的的指导下,研究的实质在项目实施层面,通过优化工业化住宅全生命周期的设计信息的质量,为工业化住宅协同设计,提出一个有针对性的 BIM 框架、协议与软件策略,提高工业化住宅设计过程的效率。因此,本章的大致研究过程与研究方法如下(图 5-3):首先,用文献评论法,评论有价值的 BIM 框架,然后根据合适的评价标准挑选一个 BIM 框架,作为面向工业化住宅协同设计的 BIM 框架的基础。其次,以面向工业化住宅协同设计的 BIM 框架为出发点,运用扎根理论,探讨如何构建针对性的 BIM 协议,旨在明确 BIM 框架里的分类节点与属性之间的联系,然后用流程图绘制法,图示化 BIM 协议。最后,用演绎归纳法,完成适合工业化住宅协同设计的 BIM 软件的比较与评价。

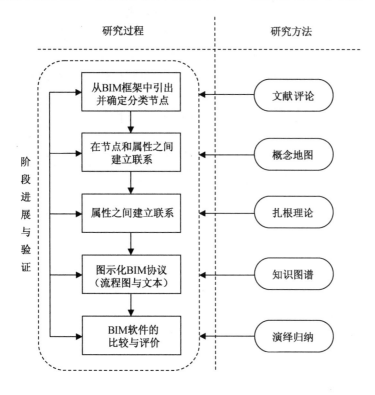

图 5-3　本章的研究过程与研究方法
图片来源:作者自绘

第四节　面向工业化住宅协同设计的 BIM 框架

一、BIM 框架的评论

所谓的"框架",一般来说,是指一个系统的构架,即制定一套规范或者规则,大家在该规范或者规则下工作。框架可以被分为节点及节点之间的关系(维基百科)。BIM 框架是指通过确认有意义的概念以及它们之间的关系,用来解释或简化 BIM 领域中各类纷繁复杂方向的理论构架[10]。上述对框架和 BIM 框架的定义,可以被用来确认并分类当前市面上的各类主流 BIM 框架。通过文献查找和分析,本研究挑选了 6 个 BIM

框架进行分析。

这 6 个 BIM 框架,按照两个维度对它们进行了划分。第一个维度借鉴了知识管理(Knowledge Management)理论中的方法,把框架分为了描述性框架和规定性框架(表 5-2)。通过描述知识的领域,并对之进行简化,描述性框架可以描绘复杂现象的特性,能够解释复杂现象的本质。规定性框架则规定必须遵守的方法,试图说明在进行研究或管理时应遵循的方法,可被理解为对未来有所预期的架构。描述性框架又可进一步划分为广义和狭义两类,广义框架试图从整体上描述研究现象,狭义框架则着重描述研究现象的各个特定方面。规定性框架可以使用描述性框架中出现的概念,而描述性框架为建造规定性框架提供了模块[11]。把上述的这些定义置换到 BIM 领域,通过描绘 BIM 各层面的特性,描述性的 BIM 框架可以精简为与 BIM 相关的知识领域与特性;而规定性的 BIM 框架则规定了 BIM 的知识领域与特性在未来的发展框架。

第二个维度考虑的是每一个 BIM 框架所强调的知识领域。由于 BIM 对建筑行业的冲击范围之广,BIM 领域覆盖的程度在不同的 BIM 框架中的体现差异巨大。用于评价现有 BIM 框架的知识领域包括政策、过程和技术,以及这三个领域的子领域(表 5-2)。表 5-2 是在上述两个维度的基础上进行绘制的。政策领域的子领域包括 BIM 在项目全生命周期的影响、政策对技术和过程环节的影响、项目合同形式以及管理规则。每一个 BIM 框架,在下文中会简略地一一讨论。

表 5-2　BIM 框架的分类

			BIM框架 1	BIM框架 2	BIM框架 3	BIM框架 4	BIM框架 5	BIM框架 6
过程	BIM使用阶段	文件基础的协同设计	•	•	•			•
		模型基础的协同设计	•	•	•		•	•
		网络基础的协同设计	•	•	•	•	•	•
	项目参与者之间的交互		•	•	•		•	•
	项目全生命周期的影响							•
技术	软件					•		•
	硬件			•				•
	网络系统			•				•
	技术标准(如兼容标准)				•	•	•	•
政策	项目全生命周期内与技术和过程领域的交互			•				•
	合约形式				•		•	
			D	P	D/P	D/P	D/P	D/P

注释:

D:描述性框架;P:规定性框架;D/P:描述性复合规定性框架;

BIM 框架 1,Taylor, Bernstein, 2014;BIM 框架 2,Succar, 2009;

BIM 框架 3,Jung, Joo, 2011;BIM 框架 4,Singh et al. , 2011;

BIM 框架 5,Cerovsek, 2011; BIM 框架 6,CBIMS, 2011。

（1）BIM 框架 1[12]

该框架的目标在于确认并检查 BIM 实践范例，以及这些实践范例从企业到供应链的演变。

随着项目时间经验的增长，企业级别的 BIM 实践范例逐渐地沿着如下轨迹演变：视觉化—协同化—分析—供应链整合。

由于企业的发展会沿着 BIM 实践范例的轨迹，因此它们最终会通过项目网络共享电子化的 BIM 文件，并将之传递到供应链阶段。

该框架非常强调"BIM 应用"领域及其范例。该框架的重要性在于：提供了能够证明范例的规定性要素；若有效地执行了该要素，企业就能够完成较高水平的 BIM 整合。但是该框架也存在着某些局限性，对于影响范例转换阶段的某些要素还不是很明确。譬如，在企业内部，若前后阶段的人员对 BIM 掌握熟练程度不一致，极易出现衔接问题。

（2）BIM 框架 2[13]

该框架描述了 BIM 的知识领域及其相互关系。这些领域包括"BIM 的研究领域""BIM 的发展阶段"和"BIM 的渗透程度"。BIM 的研究领域由三个连锁效应的环节组成：技术、过程和政策。每个环节都有两个子领域：项目参与者及其行为。BIM 的发展阶段描述的是 BIM 实施水平的逐渐成熟度，也包含技术、过程和政策三个部分。BIM 的渗透程度应用于BIM 研究范围和发展阶段的不同层次的分析，它能厘清 BIM 知识观。如表 5-2 所示，该框架涵盖的 BIM 领域较为广泛。

（3）BIM 框架 3[14]

根据作者所述，该框架的目的旨在通过确认和评价驱动"BIM 执行"的要素，强调真实项目的实践层面的问题。该框架包括三个维度、六个变量。三维度为"BIM 技术""BIM 观点"和"建造功能"。基于这三个维度，作者认为，在"性质、关系、标准和应用"层面，利用 BIM 技术整合不同的建造功能，并将之贯穿在项目的全生命周期，可以很好地完成"BIM 执行"。但是，关于规定性的"BIM 执行"导则，该框架还存在确定性。例如，分类与变量不是通过对 BIM 知识领域和概念的逻辑性分析得来的，而是根据它们在 BIM 相关文献中出现的频率筛选出来的，这方面可能会存在一些问题。

（4）BIM 框架 4[15]

该框架主要是根据 BIM 服务器（BIM-server）的技术性要求来对框架进行分类的。通过对建筑行业不同领域专家代表的访谈，并对一个使用某商业 BIM 服务器的案例进行研究，确认其技术能力和局限性，最后经过对当前协同平台的评论与分析，得到了该框架。BIM 服务器的要求被分为两类：操作性的技术要求、技术支持要求。BIM 服务器的操作性的技术要求可以直接支持建筑项目（譬如模型组织、模型可达性、模型可用性、用户交互等），技术支持要求则指 BIM 服务器的设置、实施和使用等。该框架可以被划分为描述性的 BIM 框架或专门的技术框架。因此，该框架过于局限于某一技术（服务器技术）的应用，涵盖的领域不够宽泛。

（5）BIM 框架 5[16]

该框架主要针对 BIM 技术发展，共分为五个环节：模型、模型工具、交流内容、个体项目工作和协同项目工作。每一个环节均涵盖了某些原则与判断标准。BIM 模型和 BIM 计划均从这五个环节的角度出发，进行了分析。该框架也可以被划分为描述性的 BIM 框架或专门的技术框架，但囊括了一个次要的规定性要素。该框架的描述性要素是关于阻碍 BIM 实施的要素，因此就要求推进技术发展，以便促进基于 BIM 协同的项目交流和信息管理。由于涵盖五个方面的环节，每个环节存在若干变量，因此最终的 BIM 框架较为复杂，不利于 BIM 各环节关系的理解。

（6）BIM 框架 6[17]

该框架由清华大学 BIM 课题组提出，描述了中国 BIM 标准框架体系（Chinese Building Information Modeling Standard，简称 CBIMS）的概念和方法。CBIMS 主要框架分为了三部分：CBIMS 体系结构、CBIMS 技术标准、CBIMS 实施标准。框架主要建立了 CBIMS 的基础理论、方法和标准框架，从认识论和方法论的层面构建了 CBIMS 的核心定义和基本架构，主要描述其内在的相互关系并明确开放、兼容、应用的特性，对基于领域和专业的应用层级的标准部分，该框架只有基本的描述，没有具体的规定，也没有给出实施性的细节。因此，该框架可以被划分为描述性的 BIM框架。

二、BIM 框架的挑选

BIM 框架的挑选目标在于，为构建面向工业化住宅协同设计的 BIM框架提供一个基础框架，因此挑选 BIM 框架的评价标准应考虑基础性、有效性、针对性、扩展性等要求，归纳起来，主要有以下三部分：
- 符合框架的定义，分类清晰，并涵盖大部分 BIM 知识领域；
- 知识可视化的有效性以及框架中交流方法的有效性；
- 可作为理论基础，并符合国情，可扩展为面向工业化住宅协同设计的 BIM 框架。

关于第一点评价标准，如果用框架的定义（一个系统的构架，即制定一套规范或者规则，大家在该规范或者规则下工作，框架可以被分为节点及节点之间的关系）来判断，BIM 框架 2 和 BIM 框架 6 基本符合，且均涵盖了大部分 BIM 知识领域（表 5-2）。从第二点评价标准来看，其主要是为了 BIM 框架的设置能够有效地图示化并作为 BIM 实施的指导，而BIM 框架 2 是唯一应用了概念图示的 BIM 框架，且知识共享与交流的方法较为有效。从第三点评价标准来看，BIM 框架 6 则更为符合要求。

三、面向工业化住宅协同设计的 BIM 框架的构建

从上述运用评价标准的分析来看，关于 BIM 框架的挑选，并没有唯一的答案。因此，本研究选择 BIM 框架 2 和 BIM 框架 6 作为构建面向工业化住宅协同设计的基础框架。在此基础上，针对协同设计的关键要素与节点，及其对下一步 BIM 协议的指导和衔接，构建了如图 5-4 的面向工业化住宅协同设计的 BIM 框架图。

根据图 5-3 的研究方法图，若想建立 BIM 框架和 BIM 协议之间的联系，必须明确 BIM 框架中的哪些领域与协同设计密切相关，这可以用节点来表示。因此，面向工业化住宅协同设计的 BIM 框架的分类，充分考虑了节点与协同设计的关系。这在图 5-4 中用虚线框做了标示。这部分节点与 BIM 协议之间的衔接，可以用知识图谱法（以概念地图的形式）获得联系。需要特别强调的是，与普通民用建筑协同设计相比，工业化住

宅的协同设计,要考虑住宅部品工厂生产的环节,因此,在 BIM 框架中也考虑了这一点,另外,考虑到框架的可扩展性,在部分环节也预留了协同设计的可扩展节点。

BIM 协议,则为了达到协同设计的目标,需要梳理 BIM 技术规则之间的过程或条件,这些过程或条件,根据图 5-3 的研究方法图,可以用属性来表示。因此,建立针对工业化住宅协同设计的 BIM 协议,可以通过扎根理论,明确属性之间的联系,并运用概念地图的方法图示化,以指导工业化住宅协同设计实际项目的实施,这在下文中将进行详细阐述。

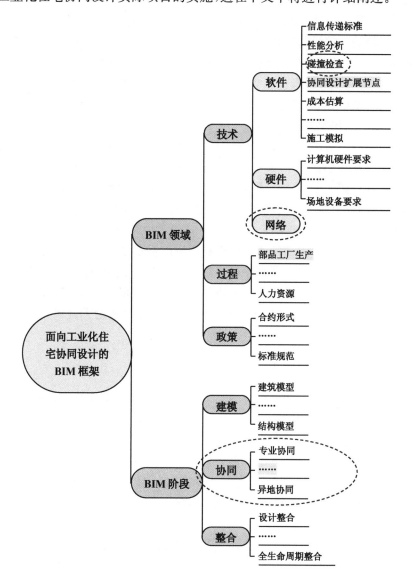

图 5-4 面向工业化住宅协同设计的 BIM 框架

图片来源:作者自绘

第五节 针对工业化住宅协同设计的 BIM 协议

一、BIM 协议的研究方法——扎根理论的引介

BIM 协议提供达到某目标或传递可量化成果的详细步骤或条件,以文本或图示的说明呈现。因此,针对工业化住宅协同设计的 BIM 协议是一个需要将大量的 BIM 协议结合工业化住宅的特点不断对比、推理、研

究,抽象提炼到理论高度,最终形成结论的过程。扎根理论(Grounded Theory)就是通过对各种大量的文章、资料、调查报告的整理归纳,进而在理论层面上总结精炼所描述现象的本质和意义,最后得出比较规范的结论的研究方法[18]。该研究方法是由美国的两位学者巴尼·格拉泽(Barney Glaser)和安瑟伦·斯特劳斯(Anselm Strauss)所提出的,一经公布,就被认为是有效的质性研究方法[19]。它是一种在系统化的资料的基础上,经过研究分析,进而发掘发展后,运用归纳法对已知现象和事实加以充分比较和分析总结,最后得到结果的理论[20]。扎根理论与一些定量的科学研究方法不同,其是从资料数据开始着手,先建立理论铺垫,进而经过归纳与演绎的交替循环,最终把搜集的所有大量初始资料一步步地筛减、转译、提炼成为概念以致形成理论。该理论的核心是资料收集与分析的过程,该过程既包含理论演绎又包含理论归纳。资料的搜集与分析是同时发生、同时进行、连续循环的过程。在扎根理论研究中,对资料的分解、指认和现象概念化称之为"译码",其发展了一套操作化过程,来协助研究者以适用于研究对象的方式将所有概念重新抽象、提升和综合为范畴以及核心范畴。这套操作过程包含了"开放性译码""主轴译码""选择性译码"三个环节。通过这三个环节的操作,就可以挖掘出资料的范畴,识别出范畴的性质和性质的维度,进而演绎出范畴间复杂交错的本质关系,即最终的研究结论。

该研究方法比较适用于那些现有理论体系不是很完善的领域。国内已有研究学者率先将扎根理论用于城市和建筑的研究,但迄今还未有文章运用扎根理论对工业化住宅的协同设计进行研究。在这种缺少横向借鉴经验的前提下,注重数据分析和理论建立的扎根理论无疑成为比较适合本研究的研究方法。

二、BIM 协议相关资料的搜集

针对工业化住宅协同设计的 BIM 协议要综合工业化住宅的特点、协同设计的特点和 BIM 协议的现状,从大量的数据中不断归纳、分析、比较,才能厘清范畴、概念,因此,需要将大量的原始资料进行缩编,才能发现它们之间的联系并从理论层面进行总结。本研究收集了大量有关 BIM 协议的资料,之后对收集来的各种 BIM 协议加以整理,剔除与研究无关的资料、数据以保证资料的可靠性、有效性,将有效的资料汇总,详见表5-3。

表 5-3　BIM 协议的汇总

序号	BIM 协议	国家年代	来源	简要描述
A1	美国建筑师协会 BIM 协议增编 AIA E202－2008－Building Information Protocol Exhibit	美国 2008	美国建筑师协会(AIA)	针对 BIM 模型的细致程度的协议,规范了 BIM 参与各方及项目各阶段的界限
A2	ConsensusDOCS 的 BIM 附录 Consensus DOCTM301—Building Information Modeling Addendum	美国 2006	Consensus DOCS	关于 BIM 协议的基本原则、定义、信息管理、BIM 实施计划、风险管理和知识产权问题

序号	BIM 协议	国家年代	来源	简要描述
A3	3D-4D-BIM 计划指南 (3D-4D-BIM Program Guidelines)	美国 2010	美国总务署 (GSA)	针对 GSA 合作者与顾问的一般 BIM 指南
A4	BIM 项目实施计划指南第二版 (BIM Project Execution Planning Guide-Version 2.0)	美国 2010	美国 building SMART 联盟 (bSa)	提供了一套结构化的 BIM 项目执行计划的创建和实施程序
A5	美国俄亥俄州政府 BIM 协议 (The State of Ohio BIM Protocols)	美国 2010	美国俄亥俄州政府	针对房屋所有者的一般 BIM 指南(协议、投标要求等)
A6	BIM 项目实施计划指南和模板 (BIM Project Execution Planning Guide and Templates—Version 2.1)	美国 2010	宾夕法尼亚大学	提供了具体指导 BIM 实施的过程图与模板
A7	纽约市 BIM 指南 (New York City Council—BIM guidelines)	美国 2012	美国纽约市议会	针对市政设施提出的使用 BIM 的基本指南
A8	国家 BIM 标准 (National Building Information Modeling Standard—Version 1.0)	美国 2007	美国国家标准研究所(NIST)	该协议提出了信息交换的标准定义
A9	英国建筑业 BIM 协议 AEC (UK) BIM Protocol	英国 2012	英国建筑业 BIM 标准委员会(AEC BSC)	一份通用型(与软件产品无关的)标准和专门面向 Revit 等软件的版本
A10	英国建设行业委员会 BIM 协议 (CIC BIM Protocols)	英国 2012	英国建设行业委员会(CIC)	规定了以模型为基础的要求、模型的精细程度和其他要求
A11	英国皇家建筑师协会 BIM 协议 (BIM overlay to the RIBA outline plan of work)	英国 2012	英国皇家建筑师学会(RIBA)	对 BIM 如何影响 RIBA 工作流程的基本概括
A12	澳大利亚数字模型指南 (National Guidelines for Digital Modelling)	澳大利亚 2009	澳大利亚建设企业创新研究中心(CRC-CI)	大型项目的模型创建、维护与实施的指南
A13	新加坡 BIM 指南第一版 Singapore BIM Guide (ver 1.0)	新加坡 2012	新加坡建设局(BCA)	为 BIM 实施计划的发展提供指导的指南,勾勒出了项目成员们的角色和责任
A14	建筑信息模拟使用指南 (Building Information Modelling User Guide for Development and Construction Division of Hong Kong Housing Authority)	香港 2009	香港房屋署	提出了一套数码模拟系统,以数码模拟程序,演示建筑生命周期内各项数据的立体模型
A15	民用建筑信息模型设计标准	中国 2014	北京工程勘察设计行业协会	核心为三大部分要求:资源要求(建模软件、BIM 设计协同平台、构件和构件资源库)、BIM 模型深度要求(模型深度、专业模型深度等级)、交付要求
A16	设计企业 BIM 实施标准指南	中国 2013	清华大学 BIM 课题组	从 BIM 设计过程的资源、行为、交付三个基本维度,给出设计企业的实施标准的具体方法和实践内容

三、BIM 协议的开放性译码

开放性译码就是依靠详细研究的基础为原始数据取名字或者分类的工作。在这个基础过程中,研究者可以将原始数据较为深入地打散、重组,并进行归纳分类。在这个范畴化的过程中,研究者不仅可以缩编原始资料,还可以激发研究者提出课题新的研究问题,并刺激研究深入进行。开放译码的程序如下:挖掘范畴、为范畴命名、发展范畴的性质与维度[21]。经过上述过程中对范畴性质和维度的讨论,研究者所收集的 BIM 协议资料整理得更加有效可靠,经过对资料的反复思考对比之后,概括出了两大范畴——研究领域和目标受众。其中每个范畴又分为三个副范畴,研究领域可分为三个方面——政策、技术、过程,目标受众按级别可分为产业层级、企业层级和项目层级。(详见表 5-4)

表 5-4　BIM 协议的范畴分类

		A1	A2	A3	A4	A5	A6	A7	A8	A9	A10	A11	A12	A13	A14	A15	A16
研究领域	技术			•					•						•	•	•
	过程		•	•	•		•			•	•		•	•	•		•
	政策	•				•		•				•	•				
目标受众	产业层级	•	•				•			•	•		•	•			
	企业层级	•		•	•	•		•							•		•
	项目层级														•	•	

按照表 5-4 中的分类,目标受众为产业级别的 BIM 协议,重视的是 BIM 框架中的第一个层级的具体要求,如强调 BIM 过程中的技术规划。目标受众为企业级别的 BIM 协议,则主要关注的是明确企业利益相关者的角色与责任,以确保 BIM 的贯彻执行。目标受众为项目级别的 BIM 协议,更为强调 BIM 技术的具体实施,譬如强调 BIM 相关软件的使用。另外,如表 5-4 所示,当前没有一个 BIM 协议,能够同时涵盖 BIM 的所有研究领域(政策、技术、过程)及它们的子领域。

四、BIM 协议的主轴译码

主轴译码是指通过运用"因果条件—现象—脉络—中介条件—行动、互动策略—结果"这一典范模型,将开放性译码中得出的各项范畴连接在一起的过程[22]。典范模型是扎根理论方法的一个重要分析工具,主轴译码并不是要把范畴联系起来构建一个全面的理论架构,而是要发展主范畴和副范畴,将范畴之间区分主次,并赋予逻辑关系,联系范畴与其副范畴,将内容重新整合,发展主要范畴。

从相关 BIM 协议中提炼出的范畴基本代表了 BIM 协议的特点,因此它们是构建针对工业化住宅协同设计的 BIM 协议的重要元素。另外,在建立典范模型时,还需要将工业化住宅的设计要素融入其中,这样才更有针对性。综上,根据典范模型的操作方法,参考并依据各个 BIM 协议中有价值的部分,研究对工业化住宅协同设计的 BIM 协议的执行流程进行了框架构建,得出了图 5-5 的结果。

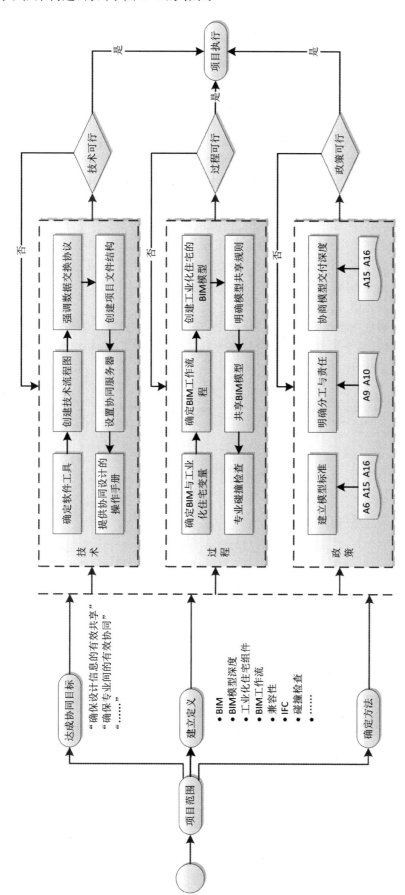

图 5-5 工业化住宅协同设计的 BIM 协
议流程图
图片来源:作者自绘

五、BIM 协议的选择性译码

选择性译码是指选择核心概念,把它系统地和所有范畴予以联系,验证其间的关系,并把范畴化尚未发展出来的其他范畴补充完整的过程。该过程的主要任务包括:①挖掘出能够统领所有范畴的核心概念;②用所有资料及由此开发出来的范畴、条件、要素、属性、关系等扼要说明全部现象,即开发故事线;③通过技术手段将上述故事线与其他环节连接,用所有资料验证这些连接关系;④继续开发范畴使其更可信有效。

根据第一个环节的要求,研究挖掘出,"BIM 协议"是统领所有范畴的核心概念,其与操作层面的 BIM 协议执行流程、宏观层面的 BIM 框架、微观层面的软件技术选择等环节之间存在着一个抽象性的描述模型(图 5-6),能够代表工业化住宅协同设计的核心基础。

上述模型指出,BIM 协议是工业化住宅协同设计的核心,起到承上启下的作用——对上是面向工业化住宅协同设计的 BIM 框架的细化,对下是指导 BIM 协议执行和软件技术选择的标准,因此需要对其进行进一步的深入研究。

根据选择性译码的第二个环节,研究明确了工业化住宅协同设计这个目标,整合了 BIM 协议中的属性及其之间的关系,并利用概念地图,将其图示化(图 5-7)。

图 5-6 工业化住宅协同设计的核心基础

图片来源:作者自绘

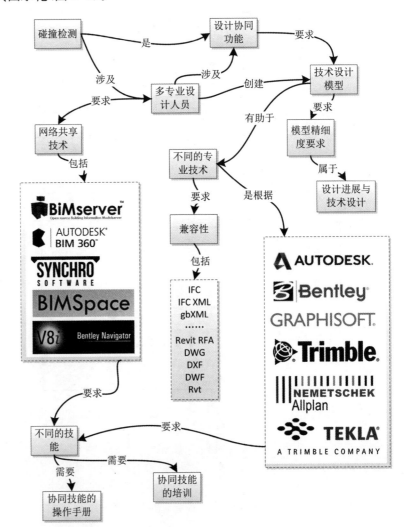

图 5-7 BIM 协议中的属性及其之间的关系

图片来源:作者自绘

概念地图（Concept Map）由康乃尔大学 Joseph D. Novak 在 1972 年提出,最初是为了"寻求理解和领会儿童的科学知识变化"而发展出来的研究工具,后来经过不断完善,逐渐成为一种新的研究工具和方法,可以作为组织和表达知识及其关系的图形工具[23];也可以说,它是表达各种关系的图示,具备可视觉化表征知识结构的作用[24];概念地图常用来表征知识结构,尤其是表征具有关联性概念间的结构关系。因此,非常适合将其用来说明范畴、条件、要素、属性、关系之间复杂的关系。

在这一部分,概念地图作为可以使解决方案得到预测和建议的归纳法工具[25]。概念地图包含节点和标记线。节点就相当于在 BIM 中代表概念、条件、要素的重要关系。线指代两个节点之间的关系,线上的标记表达了两个节点之间的关系。其具体操作流程如下:将各种概念、要素等绘制在矩形图框中,以箭头连接表达它们之间的关系,并辅以文字说明,譬如:"是(is a)""要求(requires)""涉及(involves)""引起(gives rise to)""结果(results in)""是根据(is required by)"或"有助于(contributes to)"等。

根据选择性译码的第三个环节,继续利用概念地图的方法,将第二个环节的成果与面向工业化住宅的 BIM 框架连接,如图 5-8 所示。

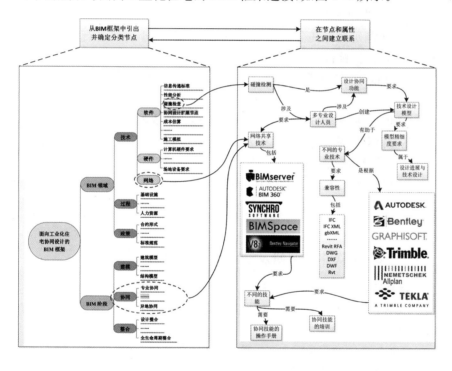

图 5-8　BIM 框架与 BIM 协议之间的联系

图片来源:作者自绘

六、针对工业化住宅协同设计的 BIM 协议的结论

本节研究主要是利用了扎根理论,事实证明,这是一种定性研究方法,其创新性恰恰在于从经验事实中抽象出新的概念和思想。通过扎根理论的方法,经过主轴译码,得到了"工业化住宅协同设计的 BIM 协议的执行流程",通过选择性译码的操作流程,得到了"工业化住宅协同设计的核心基础"以及"BIM 协议中的属性及其之间的关系",这三者共同构成了"针对工业化住宅协同设计的 BIM 协议"。在此基础上,研究继续按照选择性译码的操作流程,又梳理出了 BIM 框架与 BIM 协议之间的联系。根据选择性译码的第四个环节,即继续开发范畴使其更可信有效,需要在第三个环节的基础上,进一步深化 BIM 软件的研究,这在下一节中将继

续得到深化。

第六节 适合工业化住宅协同设计的 BIM 软件

本节研究的技术路线如下：

(1)调研及初步筛选

- 全面考察和调研市场上现有的国内外 BIM 软件及应用情况；
- 结合设计市场的需求和 BIM 的要求，从中筛选出可能适用的 BIM 软件工具集；
- 在此基础上，形成 BIM 应用软件调研结论。

(2)分析及评估

- 对初选的每个 BIM 工具软件进行分析和评估，分析评估考虑的主要因素包括：BIM 软件的功能、数据兼容性、本地化程度、市场占有率、软件性价比等关键因素；
- 在此基础上，形成 BIM 应用软件分析结论。

(3)最终评价

- 在调研报告和分析报告的基础上，对 BIM 软件进行最终评价。评价指标包括：

① 功能性：是否适合工业化住宅的需求，与现有资源的兼容情况进行比较；

② 可靠性：对软件系统的稳定性及在业内的成熟度等方面进行比较；

③ 易用性：从易于理解、易于学习、易于操作等方面进行比较；

④ 协同性：对软件支持协同设计的能力进行比较；

⑤ 可扩展性：适合工业化住宅发展的扩展需求。

- 在此基础上，形成针对工业化住宅协同设计的 BIM 软件的最终结论。

一、BIM 软件的调研及初步筛选

建筑信息模型的实质在于协同，而协同的实现依靠 BIM 软件的应用。本小节试图通过对目前国内外的 BIM 软件进行初步梳理和分类，给后面的研究提供参考和基础。

关于 BIM 软件的整理与分类，通过对文献的整理，发现主要有以下三个机构的研究非常系统：

1. IBC 的研究

IBC(Institute for BIM in Canada)是加拿大的 BIM 学会，这个机构在 2011 年 4 月，按照 BIM 产品的字母顺序，对 BIM 软件做了比较完整的统计(如表 5-5 所示，由于软件数量较多，只列出了 A 部的 11 个软件作为示例)。在其发布的研究报告中，共收录了 79 个 BIM 软件[26]。根据这些 BIM 软件在建筑项目的全生命周期中的应用，研究报告把它们归类在设计、施工和运营三个阶段，依次标明了每个软件主要应用在哪个阶段。研究报告指出，在建筑的设计阶段使用的 BIM 软件共有 62 个，占总比例的 78%；在建筑的施工阶段使用的 BIM 软件共有 25 个，占总比例的 35%；在建筑的运营阶段使用的 BIM 软件仅有 7 个，只占软件总数量的

9%。从比例来看,BIM 软件在设计阶段的应用和开发占据了绝对的优势,这也跟 BIM 的使用现状和发展轨迹比较符合——BIM 将从设计阶段的应用逐步扩展到建筑全生命周期的施工和运营阶段。

表 5-5　IBC 统计中首字母为 A 部的 BIM 软件

序号	产品名称	厂商	主要功能	使用阶段		
				设计	施工	运营
1	Affinity	Trelligence Inc.	空间规划和概念设计	√		
2	Allplan Architecture	Nemetschek	面向对象三维设计	√		
3	Allplan Engineering	Nemetschek	面向对象三维结构设计	√	√	
4	Allplan Cost Management	Nemetschek	造价计划	√	√	
5	Allplan Facility Management	Nemetschek	设施管理			√
6	ArchiCAD	Graphisoft	面向对象方法、建筑建模、成本预算、能耗分析	√	√	
7	ArchiFM	Vintocon/ Graphisoft	面向对象方法,基于 BIM 的设施维护模型系统			√
8	Artlantis	Graphisoft	建筑模型渲染	√		
9	Artra BIM	CADPIPE	3D CAD 连接界面		√	√
10	AutoCAD Civil 3D	Autodesk	土木工程 BIM 解决方案	√	√	
11	Autodesk Design Review	Autodesk	设计校对和标记	√	√	

2. AGC 的研究

AGC(Associated General Contractors of American)是美国总承包商协会,这个机构在 2011 年,按照 BIM 产品的应用分类,对 BIM 软件做了较为完整的统计(如表 5-7 所示,由于软件数量较多,只列出了第一类概念设计和可行性研究的 9 个软件作为示例)。在其发布的 BIM 工具矩阵(BIM Tools Matrix)中,AGC 把 BIM 以及 BIM 相关软件分成 8 个类型[27](如表 5-6 所示):

表 5-6　AGC 对 BIM 软件的分类

序号	应用类型	英文名称
第一类	概念设计和可行性研究	Preliminary Design and Feasibility Tools
第二类	BIM 核心建模软件	BIM Authoring Tools
第三类	BIM 分析软件	BIM Analysis Tools
第四类	加工图和预制加工软件	Shop Drawing and Fabrication Tools
第五类	施工管理软件	Construction Management Tools
第六类	算量和预算软件	Quantity Takeoff and Estimating Tools
第七类	计划软件	Scheduling Tools
第八类	文件共享和协同软件	File Sharing and Collaboration Tools

表 5-7 第一类:概念设计和可行性研究的 BIM 软件

序号	软件名称	厂商	主要功能
概念设计和可行性研究的 BIM 软件			
1	Revit Architecture	Autodesk	创建和审核三维模型
2	DProfiler	Beck Technology	概念设计和成本估算
3	Bentley Architecture	Bentley	创建和审核三维模型
4	SketchUp	Google	3D 概念建模
5	ArchiCAD	Graphisoft	3D 概念建筑建模
6	Vectorworks Designer	Nemetschek	3D 概念建模
7	Tekla Structures	Tekla	3D 概念建模
8	Affinity	Trelligence	3D 概念建模
9	Vico Office	Vico Software	创建项目概算和计划的 5D 模型

3. 广州优比建筑咨询有限公司的研究

广州优比建筑咨询有限公司是专注于 BIM 咨询的公司,在国内 BIM 咨询界比较权威。该公司在 2010 年,也按照 BIM 产品的应用分类,对 BIM 软件做了较为完整的统计(如表 5-8 所示)。该统计把 BIM 以及 BIM 相关软件分成了 14 个类型,并对每个类型做了基本的阐释说明[28]。

表 5-8 国内对 BIM 软件的分类

序号	应用类型	基本功能
第一类	BIM 核心建模软件	常用的 BIM 核心建模软件
第二类	BIM 方案设计软件	设计初期协助设计师验证设计方案
第三类	和 BIM 接口的几何造型软件	设计初期解决复杂建筑造型
第四类	BIM 可持续(绿色)分析软件	进行日照、风环境、热工等方面的分析
第五类	BIM 机电分析软件	水暖电等设备和电气分析
第六类	BIM 结构分析软件	进行结构分析及反馈
第七类	BIM 可视化软件	快速产生可视化效果
第八类	BIM 模型检查软件	检查模型本身的质量和完整性
第九类	BIM 深化设计软件	专业模型深化设计
第十类	BIM 模型综合碰撞检查软件	模型综合碰撞检查
第十一类	BIM 造价管理软件	工程量统计和造价分析
第十二类	BIM 运营管理软件	为建筑物的运营管理阶段服务
第十三类	二维绘图软件	施工图生产工具
第十四类	BIM 发布审核软件	发布静态的、轻型的 BIM 成果

另外,这 14 个类型,还可以归纳为两大类:第一大类是创建 BIM 模型的软件,包括 BIM 核心建模软件、BIM 方案设计软件以及和 BIM 接口的几何造型软件;第二大类是利用 BIM 模型的软件,除第一大类以外的其他软件。研究利用一张图(图 5-9),总结了上述类型繁多的软件是如何协同配合,共同在建筑的全生命周期中发挥作用的。

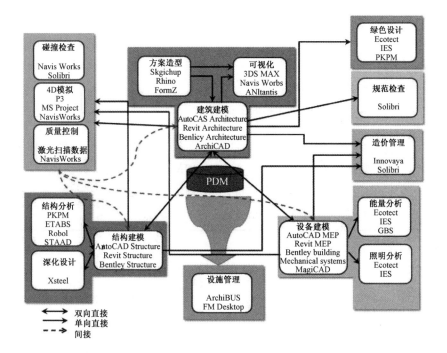

图中标注：

碰撞检查
Navis Works
Solibri

4D模拟
P3
MS Project
NavisWorks

质量控制
激光扫描数据
NavisWorks

方案造型
Skgichup
Rhino
FormZ

可视化
3DS MAX
Navis Worbs
ANltantis

绿色设计
Ecotect
IES
PKPM

规范检查
Solibri

建筑建模
AutoCAS Architecture
Revit Architecture
Benlicy Architecture
ArchiCAD

造价管理
Innovaya
Solibri

PDM

结构分析
PKPM
ETABS
Robol
STAAD

深化设计
Xsteel

结构建模
AntoCAD Structure
Revit Structure
Bentley Structure

设备建模
AutoCAD MEP
Revit MEP
Bentley building
Mechanical systems
MagiCAD

能量分析
Ecotect
IES
GBS

照明分析
Ecotect
IES

设施管理
ArchiBUS
FM Desktop

← → 双向直接
→ 单向直接
- - → 间接

图 5-9　BIM 时代的软件和信息互用关系

图片来源:何关培. BIM 和 BIM 相关软件[J]. 土木建筑工程信息技术,2010,2(4):110-117.

4.BIM 应用软件调研结论:BIM 软件分类及代表性软件

从上述三个机构对 BIM 软件的分类来看,并没有一个统一的标准。本研究在上述软件统计和分类的基础上,按照建筑全生命周期中专业和项目阶段,对 BIM 软件做了分类,并列举出了每一类的代表性国内外软件,具体如表 5-9 所示。

表 5-9　BIM 软件分类及代表性软件

序号	应用类型	主要用途	代表性软件
1	建筑软件	BIM 建筑模型创建、几何造型、可视化、BIM 方案设计	Revit Architecture、Bentley Architecture、ArchiCAD、Digital Project、SketchUp、Rhino
2	结构软件	BIM 结构建模、结构分析、深化设计	Revit Structure、Bentley Structure、PKPM、Tekla Structure、ETABS、STAAD、Robot
3	机电软件	BIM 机电建模、机电分析	Revit MEP、Bentley Building Mechanical Systems、IES Virtual Environment、HYMEP for Revit、MagiCAD、Designmaster
4	施工软件	碰撞检查、4D 模拟、施工进度和质量控制	Autodesk Navisworks、Bentley Projectwise Navigator、Solibri Model Checker、Synchro 4D、广联达 BIM 5D、Luban BIM Works
5	分析软件	绿色设计、模型检查、造价管理	Ecotect、IES、Green Building Studio、Innovaya、Solibri、Luban AR
6	运营管理软件	建筑物的运营管理阶段服务	ArchiBUS、Tririga、FM：Systems、ArchiFM、Manhattan
7	数据管理软件	文件共享、存储、管理、沟通	Autodesk BIM 360 Glue、BIM server、BIM Space、RIB iTWO、Luban PDS

需要特别强调的是,上述分类也并不是一个完全系统的、完整的分类方法,只是为下一步的 BIM 软件的分析与评估提供一个清晰的分类框架。其中代表性的软件,基本上涵盖了这些分类,是在 BIM 领域有一定知名度且影响较大的软件。

二、BIM 软件的分析与评估

对初选的 BIM 工具软件,按照上述的七个应用类型,分别进行分析和评估,分析评估考虑的关键因素包括:BIM 软件的功能、数据兼容性、本地化程度、市场占有率、软件性价比等,具体见表 5-10。

表 5-10　BIM 软件的分析与评估

分类	软件名称	分项评估指标					综合评价
		软件功能	数据兼容性	本地化程度	市场占有率	软件性价比	
建筑软件	Revit Architecture	强	好	高	高	高	好
	Bentley Architecture	强	较好	中	中	低	较好
	ArchiCAD	强	好	高	高	高	好
	Digital Project	强	较好	中	中	低	一般
	SketchUp	强	一般	高	高	高	好
	Rhino	强	一般	高	高	高	好
结构软件	Revit Structure	强	好	高	高	高	好
	Bentley Structure	强	较好	中	中	中	较好
	PKPM	强	好	高	高	高	好
	Tekla Structure	强	较好	中	中	中	较好
	ETABS	较强	一般	低	低	中	一般
	STAAD	较强	一般	低	低	中	一般
	Robot	较强	一般	低	低	中	一般
机电软件	Revit MEP	强	好	高	高	高	好
	Bentley Building Mechanical Systems	强	好	中	中	中	较好
	IES Virtual Environment	强	好	中	中	中	较好
	HYMEP for Revit	一般	较好	高	低	中	一般
	MagiCAD	较强	较好	高	低	中	一般
	Designmaster	较强	较好	中	低	中	一般
施工软件	Autodesk Navisworks	强	好	高	高	高	好
	Bentley Projectwise Navigator	强	好	中	中	中	较好
	Solibri Model Checker	强	好	中	高	中	较好
	Synchro 4D	较强	较好	低	中	中	较好
	广联达 BIM 5D	一般	较好	高	低	中	一般
	Luban BIM Works	强	好	高	高	高	好

分类	软件名称	分项评估指标					综合评价
		软件功能	数据兼容性	本地化程度	市场占有率	软件性价比	
分析软件	Ecotect	强	好	高	高	高	好
	IES	强	好	中	中	中	较好
	Green Building Studio	强	好	高	高	高	好
	Innovaya	较强	较好	中	中	中	较好
	Solibri	较强	较好	中	高	高	较好
	Luban AR	一般	较好	高	低	低	一般
运营管理软件	ArchiBUS	强	好	高	高	高	好
	Tririga	一般	一般	中	中	中	一般
	FM:Systems	较强	较好	中	中	中	较好
	ArchiFM	一般	一般	中	中	中	一般
	Manhattan	一般	一般	中	低	低	一般
数据管理软件	Autodesk BIM 360 Glue	强	好	高	高	高	好
	BIM server	强	好	中	中	中	较好
	BIM Space	一般	较好	中	中	中	一般
	RIB iTWO	强	好	高	高	高	好
	Luban PDS	一般	较好	高	中	低	一般

分析最终根据分项评估指标的表现,对各分类 BIM 软件进行了综合评价,将其分为了三类:好、较好和一般。研究剔除了综合表现一般的软件,在最终评价环节,选择了表现"好"与"较好"的 BIM 软件进行最终评价。

三、BIM 软件的最终评价

从文献中可以总结出,针对工业化住宅协同设计的 BIM 软件应该具备以下要点:

(1) BIM 软件应具有"协同性",即直接或间接支持协同设计的能力。其中,"直接支持"是指软件具备协同设计的专项功能;"间接支持"是指软件可以与其他支持协同设计的软件集成,通过其他软件,共同实施 BIM 协同设计的作用或能力。

(2) BIM 软件应具有较强的"扩展性",可面向工业化住宅开发针对性的插件,适合工业化住宅设计的扩展需求。

(3) BIM 软件应具有超强的"功能性",即信息整合能力要强。软件整合各部分信息数据后,形成自身的信息数据系统,能够整合建筑设计、结构设计、机电设计和深化设计,并自动更新不同环节间的信息传递。

(4) BIM 软件应具有较强的"分析性",即数据处理能力要强。通过数据处理所形成的设计结果必定包含各类矛盾信息,软件应通过进一步的分析处理并形成解决方案,再输出到专业软件校对,以达到各专业的要求与专业间的协调。

(5) BIM 软件应具有完备的"兼容性",可以与市面上大多数的专业软件实现顺利的数据传输与转换。不同专业的设计人员，在利用专业软件初始设计后，可以把阶段性的成果数据输入 BIM 软件，以便实现数据信息的整合协同。

因此，对 BIM 软件进行最终评价的评价指标包括五点："协同性""扩展性""功能性""分析性"和"兼容性"。研究运用这五点评价指标，对上一环节筛选出的 BIM 软件进行了最终评价，详见表5-11。

表 5-11 BIM 软件的最终评价

分类	软件名称	分项评估指标					综合评价
		协同性	扩展性	功能性	分析性	兼容性	
建筑软件	Revit Architecture	优秀	优秀	优秀	优秀	优秀	优秀
	Bentley Architecture	优秀	优秀	优秀	优秀	优秀	优秀
	ArchiCAD	优秀	优秀	优秀	优秀	优秀	优秀
	SketchUp	中等	中等	中等	中等	良好	中等
	Rhino	中等	中等	中等	中等	良好	中等
结构软件	Revit Structure	优秀	优秀	优秀	优秀	优秀	优秀
	Bentley Structure	优秀	优秀	优秀	良好	优秀	优秀
	PKPM	良好	良好	良好	良好	优秀	良好
	Tekla Structure	良好	良好	优秀	良好	优秀	良好
机电软件	Revit MEP	优秀	优秀	优秀	优秀	优秀	优秀
	Bentley Building Mechanical Systems	优秀	优秀	优秀	良好	优秀	优秀
	IES Virtual Environment	良好	良好	良好	良好	良好	良好
施工软件	Autodesk Navisworks	优秀	优秀	优秀	优秀	优秀	优秀
	Luban BIM Works	优秀	优秀	优秀	优秀	优秀	优秀
	Bentley Projectwise Navigator	良好	良好	优秀	良好	良好	良好
	Solibri Model Checker	优秀	良好	良好	良好	良好	良好
	Synchro 4D	良好	良好	优秀	良好	良好	良好
分析软件	Ecotect	优秀	良好	优秀	优秀	优秀	优秀
	IES	良好	良好	良好	优秀	良好	良好
	Green Building Studio	良好	良好	良好	优秀	良好	良好
	Innovaya	良好	良好	良好	优秀	良好	良好
	Solibri	良好	良好	良好	优秀	良好	良好
运营与数据管理软件	ArchiBUS	优秀	优秀	优秀	优秀	优秀	优秀
	FM:Systems	中等	中等	良好	中等	良好	中等
	Autodesk BIM 360 Glue	优秀	优秀	优秀	良好	优秀	优秀
	BIM server	良好	良好	良好	优秀	良好	良好
	RIB iTWO	优秀	优秀	优秀	优秀	优秀	优秀

从表中可以看出，最终评价中表现"优秀"的 BIM 软件，建议在工业化住宅协同设计选择 BIM 软件时，优先选择这部分软件。表现"中等"的

那部分 BIM 软件,主要原因是功能过于单一,以建筑软件中的 SketchUp 和 Rhino 为例,作为单一的造型推敲工具,功能都非常强大,但是其缺乏流程化方面的衔接功能,按照针对工业化住宅的 BIM 软件的评价标准,它们在"协同性""扩展性""功能性""分析性"上都有缺陷性,无法承载协同设计的功能要求。

四、本节结论

通过上述对适合工业化住宅协同设计的 BIM 软件的调研、分析、评估和最终评价,虽然筛选出了适合工业化住宅协同设计的不同阶段的不同类型的 BIM 软件,但是不难看出:BIM 软件在专业上分类较细,专业差别较大,许多软件只是针对某一具体功能设计架构的,阶段性割裂严重(以建筑软件为例,只是建筑建模的协同功能强大,无法解决结构和机电方面的问题),缺乏从整体角度上针对协同设计整个周期的 BIM 软件。面向工业化住宅协同设计的 BIM 技术涉及多专业、多领域的综合应用,其实现方式必定将是多种软件工具相辅相成、多种工具相互配合与依托的结果,而不可能存在一个软件完成协同设计所有需求的情况。那么,不同类型的 BIM 软件,应该如何有机地结合在一起为工业化住宅协同设计服务?通过对 BIM 软件的研究的整体认识,笔者认为,有如下三种策略可以解决上述问题:

策略一:选择适合工业化住宅协同设计的平台型软件,如从表 5-11 中的 BIM 软件的最终评价可以看出,AUTODESK 公司在建筑的全生命周期的各个阶段的专业软件均表现"优秀",因此,在工业化住宅全生命周期的全过程,选择同一个软件公司的同一平台的一系列软件,这些软件之间不会存在兼容性问题,相互协同的能力较强,有利于工业化住宅全生命周期的设计、生产与建造。

策略二:搭建基于 BIM 的工业化住宅协同设计解决方案的整体框架。在项目开始前,就厘清各个具体环节需要应用的具体软件,并梳理清晰软件间是否具备数据沟通能力,如何衔接;在此基础上,完善协同设计的软件应用方案,以概念图或流程图的形式表达,以指导具体的设计过程。

策略三:专门开发针对工业化住宅全生命周期协同设计的平台型软件,以该平台为核心选择 BIM 专业软件,可以实现整个工业化住宅开发周期的协同设计的无缝衔接,应该能够大幅度提高工业化住宅协同设计的效率。

当然,上述三个策略不但可以作为解决方案回应具体的疑问,也是工业化住宅协同设计在今后的软件研究中需要进一步解决的问题,属于该领域的研究难点与重点。

本章小结

在国内外针对工业化住宅和 BIM 研究的基础上,本章研究首先将基于 BIM 的工业化住宅协同设计技术平台的层级架构,由宏观层面到微观层面,分为面向工业化住宅协同设计的 BIM 框架、针对工业化住宅协同设计的 BIM 协议、适合工业化住宅协同设计的 BIM 软件三部分。宏观层面的架构重在理论指导和宏观框架；中观层面的组成强调引导措施；微观层面的实施落实在有具体的技术支撑和实现措施。在本章的总体研究目的的指导下，研究接下来用文献评论法评论了 BIM 框架，然后根据合适的评价标准挑选一个 BIM 框架作为基础，构建了面向工业化住宅协同设计的 BIM 框架，并明确了 BIM 框架中与工业化住宅和协同设计密切相关的领域，运用节点表示。随后，以上述 BIM 框架为出发点，研究运用扎根理论，经过主轴译码，得到了"工业化住宅协同设计的 BIM 协议的执行流程"，通过选择性译码的操作流程，得到了"工业化住宅协同设计的核心基础"以及"BIM 协议中的属性及其之间的关系"，这三者共同构成了"针对工业化住宅协同设计的 BIM 协议"。在此基础上，研究继续按照选择性译码的操作流程，又梳理出了 BIM 框架与 BIM 协议之间的联系。研究的最后一部分用演绎归纳法，完成了适合工业化住宅协同设计的 BIM 软件的比较与评价，并给出了具体的解决策略。

上述研究，在整体上搭建了一个全面的基于 BIM 的工业化住宅协同设计技术平台，制定了一个可扩展的基于 BIM 的工业化住宅协同设计实施框架，并给出切实可行的实施路线。通过落实上述 BIM 平台构建中的具体措施，应该能够为工业化住宅协同设计提供有效的技术支撑和管理支撑。

注释

［1］ 北京《民用建筑信息模型设计标准》编制组，《民用建筑信息模型设计标准》导读［M］. 北京：中国建筑工业出版社，2014.

［2］ 何关培. BIM 总论［M］. 北京：中国建筑工业出版社，2011.

［3］ 葛清. BIM 第一维度——项目不同阶段的 BIM 应用［M］. 北京：中国建筑工业出版社，2013.

［4］ 清华大学 BIM 课题组，互联立方 isBIM 公司 BIM 课题组. 设计企业 BIM 实施标准指南［M］. 北京：中国建筑工业出版社，2013.

［5］ 葛文兰. BIM 第二维度——项目不同参与方的 BIM 应用［M］. 北京：中国建筑工业出版社，2011.

［6］ Autodesk, Inc. Lott＋Barber Architects Customer Success Story ［EB/OL］. （2008）［2014-09-12］. http：// images. autodesk. com/adsk/files/lott_generic. pdf

［7］ Eastman C, Teicholz P, Sacks R, et al. BIM Handbook：A Guide to Building Information Modeling for Owners, Managers, Designers, Engineers and Contractors ［M］. State of New Jersey：John Wiley and Sons Ltd, 2011.

［8］ Succar B. Building Information Modelling Framework：A Research and Delivery Foundation for Industry Stakeholders［J］. Automation in Construction, 2009, 18(3)：357-375.

［9］ Kassem M, Iqbal N, Kelly G, et al. Building Information Modelling：Protocols for Collaborative Design Processes［J］. Journal of Information Technology in Construction, 2014, 19：126-149.

［10］ Succar B. Building Information Modelling Framework：A Research and Delivery Foundation for Industry Stakeholders［J］. Automation in Construction, 2009, 18(3)：357-375.

［11］ 沈良峰. 房地产企业知识管理与支撑技术研究［D］. 南京：东南大学，2007.

［12］ Taylor, John E, Bernstein, et al. Paradigm Trajectories of Building Information Modeling Practice in Project Networks［J］. American Society of Civil Engineers, 2014, 25(2)：69-76.

［13］ Succar B. Building Information Modelling Framework：A Research and Delivery Foundation for Industry Stakeholders［J］. Automation in Construction, 2009, 18(3)：357-375.

［14］ Jung Y, Joo M. Building Information Modelling （BIM） Framework for Practical Implementation［J］. Automation in Construction, 2011, 20(2)：126-133.

［15］ Singh V, Gu N, Wang X. A Theoretical Framework of a BIM-based Multi-disciplinary Collaboration Platform［J］.

Automation in Construction,2011,20(2):134-144.

[16] Cerovsek T. A Review and Outlook for a 'Building Information Model'(BIM):A Multi-standpoint Framework for Technological Development[J]. Advanced Engineering Informatics,2011,25:224-244.

[17] 清华大学 BIM 课题组. 中国建筑信息模型标准框架研究[M]. 北京:中国建筑工业出版社,2011.

[18] Hammersley M. The Dilemma of Qualitative Method:Herbert Blumer and the Chicago Tradition [J]. London and New York:Routledge,1989.

[19] Glaser B,Strauss A. The Discovery of Grounded Theory:Strategies for Qualitative Research [M]. New York:Aldine De Gruyter,1967.

[20] 李志刚. 扎根理论方法在科学研究中的运用分析[J]. 东方论坛,2007(4):90-94.

[21] Strauss A,Corbin J. Grounded Theory Methodology:An Overview [M]. Thousand Oaks:Sage Publications,1994.

[22] Patton M Q. Qualitative Evaluation and Research Methods [M]. Newbury Park,CA:Sage Publications,1990.

[23] Chevron M. A Metacognitive Tool:Theoretical and Operational Analysis of Skills Exercised in Structured Concept Maps [J]. Perspectives in Science,2014,2(1-4):46-54.

[24] Weinerth K,Koenig V,Brunner M,et al. Concept Maps:A Useful and Usable Tool for Computer-Based Knowledge Assessment? A Literature Review with a Focus On Usability[J]. Computers & Education,2014,78(0):201-209.

[25] Schaal S. Cognitive and Motivational Effects of Digital Concept Maps in Pre-Service Science Teacher Training[J]. Procedia - Social and Behavioral Sciences,2010,2(2):640-647.

[26] Institute for BIM in Canada. Environmental Scan of BIM Tools and Standards[EB/OL]. (2011) [2014-09-15]. http://www.ibc-bim.ca/documents/Environmental%20Scan%20of%20BIM%20Tools%20and%20Standards%20FINAL.pdf

[27] Associated General Contractors of American. BIM Tools Matrix[EB/OL]. (2011) [2014-09-16]. http://bimforum.org/wp-content/uploads/2011/02/BIM_Tools_Matrix.pdf

[28] 何关培. BIM 和 BIM 相关软件[J]. 土木建筑工程信息技术,2010,2(4):110-117.

第六章 工业化住宅协同设计中的冲突消解

第一节 本章研究目的

基于 BIM 的工业化住宅协同设计的技术平台,为工业化住宅开发实现设计效率的提升提供了良好的技术基础,它改变了住宅常规的设计理念和传统的设计方式,利用 BIM 理念和工具将不同专业的、不同地点的设计人员组织起来,为了共同的设计目标形成了设计团队。

工业化住宅协同设计的重要性在于,使不同专业、不同地点的设计人员都能同步地参与设计工作,从而提高了工业化住宅的设计效率。但是,由于工业化住宅协同设计的团队是由不同专业的设计人员组成,他们之间的专业观点存在差异,因此工作的出发点和设计标准差别较大,这些因素必然导致工业化住宅协同设计过程中,设计目标存在一定的冲突。可以说,在工业化住宅的设计乃至开发过程中,冲突无处不在,很难避免。从某种意义上来说,工业化住宅协同设计的过程,就是一个冲突不断产生和消解的过程。

由此可见,冲突作为工业化住宅协同设计过程中的本质现象,能否对其进行切实有效的消解,对于工业化住宅能否顺利实施举足轻重。想要有效地把冲突消解在协同设计的过程中,就需要对冲突的产生、检测和消解方法进行系统的梳理和研究。国内外的学者对此进行过大量的研究,但是由于工业化住宅系统的复杂性和协同设计涉及的环节较多,目前还缺少系统完善的冲突消解理论与方法。因此,本章的研究目的在于,明晰工业化住宅协同设计冲突产生的具体原因,制定冲突检测的具体策略,完善冲突消解的理论,并探讨冲突消解的具体技术和方法。研究希望通过明确工业化住宅协同设计过程中冲突消解的具体方法,解决协同设计中遇到的各类具体冲突,为工业化住宅协同设计的顺利实施提供有效的技术支撑。

第二节　本章的技术路线

本章的研究,将分为三个环节进行:工业化住宅协同设计冲突的分析、工业化住宅协同设计冲突的检测、工业化住宅协同设计冲突的消解。工业化住宅协同设计冲突的分析旨在厘清冲突产生的原因、特点和分类;工业化住宅协同设计冲突的检测可以发现设计冲突,并生成冲突检测报告,给冲突的消解提供依据;工业化住宅协同设计冲突的消解旨在明确冲突的消解方法,解决实际设计过程中的具体问题。具体的技术路线分为如下三个阶段:

(1) 第一阶段:工业化住宅协同设计冲突的分析

首先分析工业化住宅协同设计冲突产生的原因,然后总结归纳工业化住宅协同设计冲突产生的特点,并对之进行分类,为下一步提出有针对性的解决策略提供理论基础。

(2) 第二阶段:工业化住宅协同设计冲突的检测

研究在对冲突分析的基础上,提出基于 BIM 软件的冲突检测方法。通过对几种国内外碰撞软件的分析研究,总结出工业化住宅协同设计冲突检测的具体操作方法。

(3) 第三阶段:工业化住宅协同设计冲突的消解

首先指出当前冲突消解方法的局限性,其次提出基于 BIM 技术的冲突消解方法。研究根据冲突产生的原因,对照协同冲突、信息冲突、流程冲突和资源冲突,分别探讨有针对性的基于 BIM 的冲突消解方法,以期解决协同设计过程中,专业内与专业间的冲突、信息不协调和流程不佳导致的冲突、装配时工序与物料等方面的冲突,以及施工场地资源与空间的冲突等具体问题。

第三节　工业化住宅协同设计冲突的分析

一、冲突产生的原因

工业化住宅协同设计团队中,各专业之间的相对独立和相互依赖关系是协同设计冲突产生的根源。专业间的相对独立性是由于每个专业解决的都是工业化住宅协同设计中的不同问题,专业间的知识结构存在差异;专业之间的相互依赖性是因为个体的资源与信息处理能力有限,只有通过协同的方式才能应对工业化住宅复杂的具体要求。因此,独立性与矛盾性必然会导致设计冲突的发生[1],具体原因如下:

1. 专业间知识领域的差异性与不协调性

工业化住宅协同设计团队集合了不同专业(如建筑专业、结构专业、暖通空调专业、部品生产厂家、施工专业等)的成员,在工业化住宅开发的过程中尤其是各专业的设计前期,他们倾向于从自身的知识领域出发进行设计,虽然最终的设计目的是一致的,但是仍会得出有差异的结果,这就导致了冲突的产生[2]。

同时,在传统的住宅设计中,不同专业之间由于缺乏有效的沟通交流方式和渠道,碰撞检查是在各专业图纸完成时进行,因此不可避免地会出现设计冲突。另外,上述碰撞检查通常是由设计人员人工操作,效率低下,很难保证图纸的准确性,产生的图纸"错、漏、碰、缺"现象在施工现场时,就会给施工带来许多建造上的冲突,导致施工进度被拖延、成本增加,这都是由于设计过程中专业间缺乏协同造成的。

2. 信息的缺失与不准确性

工业化住宅的设计比常规住宅设计需要的环节更多,尤其是增加了部品构件的工业化生产阶段,部品构件的深化设计要求精细、表达全面,需协调生产、施工等环节,不容许出现设计信息的缺失与错误。如果在建筑设计过程中,没有充分考虑部品构件的实际生产和安装的需要,进入部品构件生产和安装阶段,就会不可避免地产生设计与部品生产上的冲突,图纸中的"错、漏、碰、缺"现象在工厂生产阶段就会被无限放大。再者,部品构件装配施工时,经常出现构件装配上的错误或者构件遗失的情况,若能够做到对预制部品构件的快速准确定位就会避免这种冲突矛盾的产生,这只需在常规的部品构件上额外附带信息即可。上述的这些矛盾与冲突归根结底是由于设计信息的缺失与不准确性带来的[3]。因此,如何保证设计各阶段与各专业之间的信息通畅与准确性,也是工业化协同设计减少冲突产生的关键。

3. 设计流程的失控与不合理性

传统的住宅设计流程是线性的,一个专业的设计基本完成后才会进入下一个专业的设计,不同专业间的设计相对独立,设计图纸之间也相对独立,设计阶段之间的信息交流主要是依靠关键节点的提资来完成,造成各专业图纸之间缺乏关联性。建筑信息的缺失,导致了专业间图纸文件缺乏协同,造成了许多设计信息的"孤岛",信息传递难度大,难以实现实时的信息共享[4]。一旦某专业发生设计变更,若不同专业间缺乏及时沟通,设计冲突只能在下一个关键节点的提资中才会暴露,因此会导致大量的设计返工,严重的话还会导致设计整体质量的下降。从上述描述中看,设计流程的不合理性也是冲突产生的根本原因之一。

4. 有限资源的限制性

在工业化住宅的开发中,资源往往是有限的。如果对资源的使用与调配不合理,就会导致有限资源的限制产生资源争夺的冲突,另外,住宅的开发也会受到资源匮乏的影响。工业化住宅在现场施工时,相对于传统的住宅开发模式,对于物料放置空间的要求更高。住宅部品构件的堆放与有限的施工场地资源就会产生空间上的冲突。如何采取措施应对工业化住宅施工中的物流形式的变化,也是减少施工矛盾冲突需要重点考虑的。这些问题应该在工业化住宅的协同设计环节就有所应对,才能保证建筑质量与施工进度不受影响。

二、冲突的特点

将工业化住宅开发过程中后期的相关矛盾和问题提前到设计阶段加以考虑并综合解决,是工业化住宅协同设计的基本思想。相比线性过程的串行设计,协同设计需要考虑的问题更多更复杂,囊括了工业化住宅生命周期的全过程。因此,工业化住宅协同设计冲突的特点是由这种复杂性决定的：

（1）冲突的多样性：冲突不仅仅存在于专业之间，专业内部也存在较多的冲突；冲突不仅仅存在于设计阶段，工业化住宅部品的工厂生产阶段、装配施工阶段也存在着设计阶段遗留的问题而导致的冲突。因此，工业化住宅协同设计的复杂性决定了其冲突多样性的特点。

（2）冲突的关联性：工业化住宅的装配冲突是由于设计信息的缺失造成的，在解决装配冲突的同时，还有可能引发施工阶段的其他冲突，说明了冲突之间关系复杂；另外，某一专业内部的设计变更，是为了消解专业内部的冲突，但是其他专业也必须根据变更同时改动设计，这导致了专业间可能产生新的冲突。上述问题的产生均说明了冲突之间具有一定的关联性，加大了冲突消解的难度。

（3）冲突的反复性：各设计专业间的冲突消解，会促使各专业根据冲突检测出的冲突点和问题，各自修改其设计。但是一次的修改不一定能解决所有的冲突，各专业的图纸会审可能会因为修改发现新的冲突，导致设计修改的循环反复。因此，必须寻找运用新的设计方法和工具来解决这种冲突的反复性问题。

（4）冲突的不可避免性：工业化住宅的发展是伴随着创新发展的，不断地涌现新的信息化工具、新的结构形式和装配方式，这意味着冲突将会随着新技术的运用不断地更新迭代；同时，协同设计的任务就是运用新的信息化工具和技术减少冲突的出现或者说提前消解冲突，若没有冲突的出现就等于没有协同设计的必要性，这在逻辑上也是有矛盾的。这些均说明了工业化住宅协同设计的冲突是不可避免的。

（5）冲突的优化性：冲突的产生说明了设计中存在着问题与矛盾，这促使着设计人员会从本源上思索如何消解冲突以改进原有设计，使之更为合理。在工业化住宅方面，正是由于其复杂性产生的冲突，使 BIM 工具更适合运用在协同设计之中，这将从根本上优化工业化住宅的设计流程，使之设计效率得到极大的提升。这说明了冲突的产生虽然具有弊端，但也具有促进设计优化的可能性。

三、冲突的分类

克莱因·马克（Klein Mark）指出，冲突可以划分为不同的冲突"类"[5]，即每一种类型的冲突都有着与其相应的冲突消解方法与策略。因此，对工业化住宅协同设计冲突的分类是至关重要的。从上文可以看出，工业化住宅协同设计冲突产生的原因和特点是复杂和多样化的，依据不同的划分原则和角度，工业化住宅协同设计的冲突有如下几类分类方法与结果：

依据冲突产生的原因，可以将冲突分为协同冲突、信息冲突、流程冲突和资源冲突：

（1）协同冲突。协同冲突主要是由于专业间知识领域的差异性造成的。还可以将协同冲突划分为专业内协同冲突、专业间协同冲突两种类型。专业内协同冲突多是由于分工内容与汇总方式不当造成的；专业间协同冲突是由于专业间缺乏沟通渠道或协同方式及节点选择不恰当造成的。

（2）信息冲突。信息冲突主要是由于信息的缺失与错误造成的。信息协同冲突的产生归根于工业化住宅全生命周期中缺乏有效的建筑信息模型工具及其合理的利用。

（3）流程冲突。流程冲突表现为传统住宅设计过程中专业间信息传递与共享的矛盾。信息传递与共享的方式影响了设计中专业间的关键节点提资，若处理不佳，极易造成大量的设计返工。因此传统的住宅设计流程在时间上很容易导致超期冲突。工业化住宅协同设计应该基于先进的建筑信息模型工具与技术，在流程上优化传统住宅的设计模式，消除流程失控带来的冲突与矛盾。

（4）资源冲突。资源冲突主要是由于资源的有限性带来的矛盾与冲突。可以利用建筑信息模型工具，在工业化住宅的设计阶段就对资源的使用与调配进行合理的安排与考虑，将资源冲突提前消解，保障工业化住宅的装配施工进度。

依据冲突的检测性，可以将冲突分为可检测冲突和不可检测冲突：

（1）可检测冲突。可检测冲突是指在冲突发生之前，利用相应的技术与软件对冲突进行检测，并生成相应的冲突检测报告，以利于设计人员有针对性地对冲突进行提前消解。在协同设计的进程中，设置冲突检测节点定期对设计进行冲突预测，可以解决协同设计过程中不断涌现的各种冲突，使设计不断地完善。

（2）不可检测冲突。这部分冲突无法在冲突发生之前进行预测，只能在冲突发生后，运用相应的技术方法进行解决，是工业化住宅协同设计冲突消解的难点，超出了协同设计的解决范畴，不属于本研究的范围。

依据冲突的消解方式，可以将冲突分为可提前消解的冲突和不可提前消解的冲突：

（1）可提前消解的冲突。运用冲突检测技术可检测出的冲突，大多属于可提前消解的冲突。及时地发现与检测出设计冲突，并将冲突在设计阶段消解，可以避免由冲突而导致的设计返工，提高设计效率，缩短设计周期与施工周期。本章研究的最终目的就是找出这部分冲突消解的具体技术与方法。

（2）不可提前消解的冲突。不可检测冲突均属于不可提前消解的冲突。本研究主要是利用协同设计的优势对大部分冲突进行提前消解，提高设计的精度，避免在工业化住宅施工环节出现设计返工，因此这部分冲突也超出了本研究的范围。

四、冲突消解的意义

从上述的分析可以看出，工业化住宅协同设计离不开对冲突的研究，冲突的消解是协同设计的根本性质[6]，其意义主要有以下三个方面：

（1）冲突的消解可以解决工业化住宅协同设计中存在的问题，并改进设计流程、提升设计效率、避免装配冲突等，满足了工业化住宅协同设计的基本要求，并且随着冲突的消解，设计得到了不断的优化。

（2）冲突的消解可以促进工业化住宅设计技术上的创新。信息技术运用在冲突消解的过程中，将从根本上改进工业化住宅的设计方法，提升设计效率，满足工业化住宅设计的技术需求。

（3）冲突的消解可以促使工业化住宅协同设计团队的形成。各专业基于冲突消解的配合，将从根本上改变传统设计模式中专业松散、缺乏团队的现象。

总而言之,冲突的消解是工业化住宅协同设计的核心问题之一,对工业化住宅能否实现协同设计起着至关重要的作用。

第四节　工业化住宅协同设计冲突的检测

一、冲突检测的定义

对于冲突检测,目前还没有一个明确的定义,许多专家学者对此持有不同观点。Jung-Ho 等把冲突检测定义为一个迭代过程[7]——在此过程中,所有明显的项目冲突被检测、强调、重新评估直至达到预期中的协同水平或要求。另外一些专家则认为,冲突检测是一个把建筑的不同专业(如建筑、结构、设备等)整合进 3D 模型进行空间冲突检测的过程[8]。

本研究认为,冲突检测是指在冲突发生之前,利用相应的技术与软件对冲突进行检测,并生成相应的冲突检测报告,以利于设计人员有针对性地对冲突进行提前消解。在协同设计的进程中,设置冲突检测节点定期对设计进行冲突预测,可以解决协同设计过程中不断涌现的各种冲突,使设计不断完善。

从冲突的分类来看,根据冲突产生的原因和可检测性,可检测的冲突大多集中在协同冲突领域,流程冲突和资源冲突很难检测[9]。协同冲突则多发生在专业内部和专业之间,常见的问题主要如下:

(1)专业内部的冲突:构件之间的碰撞问题;构件尺寸发生明显错误;构件之间发生重叠;净空不满足实际使用要求;明显的构件搭接错误。

(2)专业间的冲突:不同空间出现重叠、碰撞;空间范围与原设计要求不符。

经过总结可以发现,协同冲突多是专业内部的碰撞和专业间的碰撞问题。因此,对冲突的检测归根结底是对各种碰撞问题的检测。碰撞问题一般有两种类型:

(1)硬碰撞:不同的构件,在三维空间中发生交错、重叠且不满足设计要求,就属于硬碰撞。如结构梁柱与设备管线产生直接碰撞就是硬碰撞。

(2)软碰撞:构件之间没有发生实际的交错或重叠,但是它们之间的间距无法满足施工要求,就属于软碰撞。如两排管道并排平行架设时,虽然没有发生直接碰撞,但是其间距无法满足安装和保温等方面的要求,这就属于软碰撞。

二、基于 BIM 的冲突检测分析

1. 传统碰撞检测的弊端

图 6-1 反映的是通过 BIM 软件进行碰撞检测出来的碰撞冲突:结构梁与送风管发生了碰撞、剪力墙上缺少给冷却水管预留的洞口、水专业与电专业未协调好而造成的软碰撞和隐患。这说明,许多设计冲突在引入 BIM 技术后,通过三维视角就很容易被发现[10]。但是传统的住宅设计中的图纸表达与绘制均是二维平面化的,平面中的冲突和问题很容易被发现,而三维空间中的冲突却很难检测,往往只能依赖设计人员们的经验与

空间想象能力。三维空间中的冲突牵涉专业较多,且传统住宅设计模式中缺乏信息交流的有效手段,很难对设计中的冲突进行全面的检测。

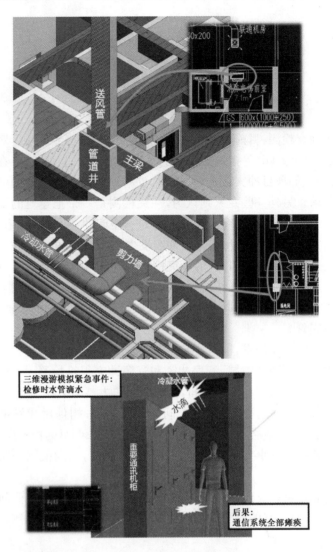

图 6-1　设计中常见的冲突问题
图片来源:作者自绘

　　另外,早期的碰撞检测模式是用硫酸纸将各专业的图纸打印出来,然后通过上下对齐与叠放,再选择相应的参照点进行人工核对与检测。这种碰撞检测模式的准确性和效率都很低下,图纸存在着较大的漏洞。

　　随着 CAD 在建筑设计中的普及与应用,碰撞检测模式升级为利用计算机对各专业的图纸会审进行碰撞冲突检测,虽然在某种程度上提升了设计图纸的准确性,但仍是基于二维图纸进行的人工操作,没有摆脱对设计人员经验的依赖,三维空间中的冲突还是难以得到检测与消解,设计图纸依然存在大量"错、漏、碰、缺"的冲突[11]。

　　2. 基于 BIM 的冲突检测的优势

　　工业化住宅协同设计过程中,冲突检测起到"承上启下"的作用——将各专业的图纸进行关联,检测其中的冲突,既可以提高图纸精度与深度,又可以满足工业化住宅部品生产要求与施工要求。信息技术的应用,使得这种效率的提升成为可能。工业化住宅协同设计引入 BIM 技术后,可以利用 BIM 软件进行冲突检测,其具有以下三点优势:

　　(1) 快速:相比于传统碰撞检测中基于二维图纸的人工操作,基于BIM 的碰撞检测主要是利用计算机软件操作,只要各专业的模型深度达到要求,软件可以在基本规则设定的基础上短时间内快速检测出所有的碰撞冲突。

(2)精准:二维图纸很难准确地表达出复杂的空间,这给结构和设备专业带来较多难点,二维模式下很难检测出三维空间的冲突,尤其是对于有很多部品组件的工业化住宅,还需要考虑三维空间的装配,导致很多冲突在施工阶段才暴露。而用软件的冲突检测主要是依赖三维的建筑信息模型,能够直观地体现部品构件的空间范围,这可以更加准确地反映空间冲突,使冲突检测更加精准。

(3)高效:传统的碰撞检测中,各专业的图纸之间缺乏关联性,很容易形成信息孤岛,往往一处冲突需要各专业都修改并反复几轮才能达到要求。而 BIM 可以把各专业的图纸相互关联,使各专业的设计模型有效协同,很多冲突的解决只需要修改一个专业的模型,其他专业的模型可以根据该处变化实时更新,真正实现了"一处更改、处处更新"的理念。

随着 BIM 技术在工业化住宅和协同设计中的大量应用,利用软件辅助冲突检测,并在三维的空间下消解各类碰撞冲突,可以实现快速、精准、高效的工作模式[12]。这使得设计人员不必再在冲突检测上浪费大量的时间,可以将精力更多地放在创新性的工作上,真正提高工业化住宅的设计效率。

三、基于 BIM 的冲突检测软件比较

当前市面上具备冲突检测功能的 BIM 软件较多,如 Autodesk Navisworks、Bentley Projectwise Navigator、Solibri Model Checker、Luban BIM Works 等。通过对这些软件的前期调研,选择其中功能较为强大且推广应用较为普遍的三款软件进行比较(表 6-1)。比较的内容包括冲突检测算法、用户配置、冲突报告、输入选项和其他的功能。

表 6-1　基于 BIM 的冲突检测软件比较

	Solibri Model Checker	Autodesk Navisworks	Luban BIM Works
冲突检测算法	基于规则(rule)的检测	基于几何形体(Geometry)的检测	基于算量(quantity)的检测
用户配置	支持	支持	支持
冲突报告	自动生成	自动生成	自动生成/批量输出
模型导入格式	仅限于 IFC	DWG, DXF, DGN, 3DS 等	HSF
操作难度	相对简单	相对简单	简单
储存格式	SMC file	Navisworks . nwd file	HSF file
优势	用户可以自己更改检测规则 支持 IFC 格式	三维显示效果和准确性高	用户可以自己更改检测规则 可利用二维图纸批量快速转化
劣势	不支持其他格式	不支持 IFC 格式	不支持其他格式

Solibri Model Checker:是由芬兰的 Solibri 开发的一款模型检测软

件。这款软件的特点在于只支持 IFC 格式的模型。软件架构的核心目的是通过对模型的检测,发现并解决模型中潜在的问题、冲突与违反设计规范的环节。软件的检测算法是基于规则(rule)的设置来完成的,软件本身提供了许多领域的规则设置,并且为了满足不同国家与地方的标准,提供了开放设置,用户可以自己更改检测规则来满足需要。除了冲突检测的功能以外,这款软件还提供模型可视化、模型比较和算量等功能[13]。

Autodesk Navisworks:是由 Autodesk 开发的一款用于分析、模拟和信息交流的软件,冲突检测是其一项重要的功能。与 Solibri Model Checker 不同的是,该款软件支持的文件格式较多,并能将多个文件合并。该软件不仅支持常见的硬冲突检测与软冲突检测,还支持净空冲突和时间冲突的检测。软件可以通过检测空间与时间之间的协调性,改进施工场地的规划,提前消解工作流程中的冲突。另外,软件还支持模型的实时可视化与漫游。

Luban BIM Works:是由国内的鲁班软件研发的多专业集成应用平台,包含较为强大的冲突检测功能。与上述两款软件不同的是,该款软件是基于算量 BIM 模型实现碰撞冲突检测功能。软件可以把多专业的BIM 模型集成并进行空间冲突检测。值得一提的是,该款软件充分发挥了云技术的优势,所有碰撞冲突的检测均是通过网络利用云计算功能查找实现的。同时,该款软件也支持 3D 虚拟漫游。

总体来说,上述三款含有冲突检测功能的软件,在冲突检测方面各有优势,如 Solibri Model Checker 和 Luban BIM Works 均支持用户可以自己更改检测规则,而 Autodesk Navisworks 的三维显示效果和准确性更高。不过这三款也都有一个共性的弱点,即支持的文件格式上都存在缺陷。从使用的难易度和工作量来看,Luban BIM Works 的优势更明显。Solibri Model Checker 和 Autodesk Navisworks 对模型的前期工作量要求较高,建模效率较低,而 Luban BIM Works 是基于算量软件建立的BIM 模型进行冲突检测的,用户可利用该款软件把设计院的二维图纸批量快速转化,效率是其他两款软件的十几倍,因此其检测成本较低。但是,客观地说,前两款软件在检测准确性上更胜一筹。因此,如何选择合适的基于 BIM 的冲突检测软件,还需要视具体的项目而定,要根据时间安排、资金使用、目标效果等综合判断选择。

四、基于 BIM 的冲突检测流程与方法

由于都是基于 BIM 进行冲突检测,上文分析的三款软件的冲突检测流程也大致相似,研究以 Luban BIM Works 为例,详细地总结了基于BIM 的冲突检测流程与方法,将之分为四个阶段。

1. 第一阶段:各专业创建三维 BIM 模型

建立模型的两种方式:设计师在项目的初始阶段,各专业就根据项目需要,分别创建符合要求的 BIM 模型;项目进行到一定阶段,委托专业的技术团队创建各专业 BIM 模型。其中前一种方式是协同设计所提倡的,后一种方式则是介于传统设计模式与协同设计之间的过渡模式。

2. 第二阶段:模型准确性、合理性的审核与修改

在冲突检测前,需要对冲突检测的模型进行准确性和合理性的检查,

避免因模型问题而引起冲突检测的干扰。

模型审核包括以下要点：

- 对各专业 BIM 模型的主要构件位置和高度信息进行检查；
- 根据以往冲突检测中 BIM 模型的常见错误进行核对；
- 根据工厂生产环节对设计的要求进行模型校对；
- 根据施工装配时对设计的要求进行模型校对。

最后，对审核结果进行针对性的最终修改。

3. 第三阶段：模型导入软件进行冲突检测

（1）首先将修改定稿后的模型导入软件（图6-2），填写并完善项目的基本信息，如文件的名称、所属楼层、检查面积等。

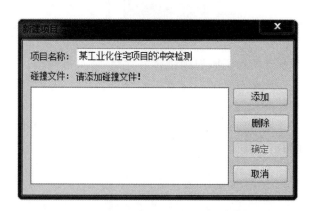

图6-2 将模型导入软件
图片来源：作者自绘

（2）在模型导入并完善信息后，将该项目进行专业间的合并，然后可以根据具体需求，选择所需冲突检测的专业、楼层等（图6-3）。

图6-3 合并专业与冲突检测选项
图片来源：作者自绘

（3）在运行冲突检测之前，最重要的一个环节是对碰撞规则进行设定（图6-4）。在各个专业中，具体部品构件的小类的碰撞规则均可以自定义，包括"参与碰撞""支持自碰撞"和"排除构件"等。"参与碰撞"指的是该构件是否同其他所有构件小类支持碰撞；"支持自碰撞"指的是该构件小类本身是否支持碰撞；"排除构件"则可以在参与碰撞的前提下，排除特殊的不需进行冲突检测的构件类别。如排风管和排风口之间的碰撞实际施工是排除的，则可以对其进行构件排除（图6-5）。

图 6-4　碰撞规则设定

图片来源：作者自绘

图 6-5　构件排除设置

图片来源：作者自绘

（4）在专业合并和碰撞规则设置好之后，就可以对项目进行冲突检测（图 6-6）。Luban BIM Works 支持单个项目碰撞，也支持多个项目同时碰撞。运行冲突检测后，软件会自动生成"碰撞结果""净高检查"与"预留孔洞"（图 6-7）。在冲突检测结果反查时，还可以对某碰撞点进行单独输出，以便详细审核修改（图 6-8）。

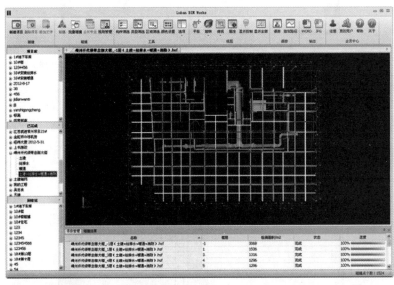

图 6-6　软件冲突检测视图

图片来源：作者自绘

图 6-7　冲突检测结果

图片来源：作者自绘

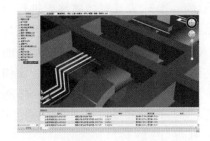
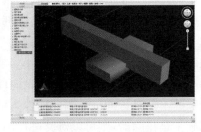

图 6-8　冲突检测碰撞点显示

图片来源：作者自绘

4. 第四阶段:输出冲突检测报告

根据输出的碰撞结果核对具体图纸,分析碰撞问题,确定所有碰撞点以及问题汇总后,根据软件自动生成的初步碰撞报告,编制最终的冲突检测报告(图6-9)。报告内容应包括如下要点:

- 汇总所有碰撞点;
- 根据图纸对碰撞点进行人工二次核对和分析;
- 判断碰撞点问题,如果是设计图纸问题注明所属图纸编号;如果是算量BIM模型问题注明具体出错原因和调整意见。

最终的冲突检测报告,将反馈给设计人员,再基于初始模型进行具体冲突点的冲突消解。

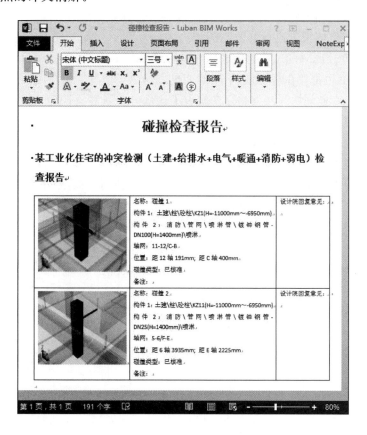

图6-9　冲突检测报告
图片来源:作者自绘

第五节　工业化住宅协同设计冲突的消解

当前许多的冲突消解方法缺少一种系统的技术工具来解决问题,多是从某个片面角度来考虑冲突消解,因此它们都存在着某种程度的应用局限性[14]。在工业化住宅的协同设计过程中,单纯依靠一种冲突消解方案,显然不可能全面地解决其各种复杂的冲突,采用系统的信息技术的冲突消解方法是冲突消解的必然趋势。

因此,本书研究提出了基于BIM技术的冲突消解方法。其优势在于能够在工业化住宅全生命周期的各个环节发挥冲突消解的作用:它能够利用冲突检测技术快速高效准确地检测出各专业之间的设计冲突,提高设计精度,消解协同冲突;BIM具有强大的信息存储功能,有助于信息整合,消解信息冲突;BIM技术也为优化工业化住宅协同设计的流程,提供了技术支撑和实现的可能性,可以改进传统设计中线性工作模式的低效率,消解流程冲突;利用 BIM 技术在工业化住宅的设计阶段就对施工阶段的资源配置进行合理的安排,可以消解施工阶段的资源冲突。

一、基于 BIM 的协同冲突消解方法

专业内部的协同冲突主要是由于专业内部因为设计分工,在设计汇总时可能存在不同设计人员之间的设计冲突,如图纸遗漏、错误或重叠等。该部分冲突需要设计人员之间有及时的沟通与协调,在图纸汇总后需要有设计负责人审核校对。专业之间的协同冲突更为普遍,影响也更大,消解难度大于专业内部的协同冲突。这些冲突主要表现在不同专业设计元素之间的硬碰撞与软碰撞,可以通过 BIM 软件进行冲突检测,并根据冲突检测报告进行修改与消解。

在基于 BIM 的工业化住宅协同设计过程中,每个设计构件都是含有设计信息的,也都存在着变量,不同的变量之间由于信息的存在,具有一定的关联性。专业间协同冲突的存在割裂了这部分关联性,利用冲突检测软件可以快速准确高效地检测出这部分冲突。因此,冲突检测是协同冲突消解的核心内容与环节,其具体方法已经在上一节进行了阐述。基于 BIM 的协同冲突消解方法主要是在冲突检测的基础上,将检测到的冲突反馈给各专业的设计人员,他们之间再一起与初始设计模型进行对比,删除或修改模型中的错误设计信息,并对之进行更新,具体的流程方法如下(图 6-10):

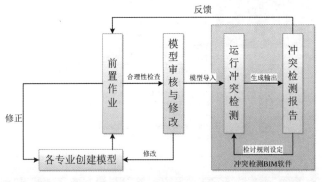

图 6-10 基于 BIM 的协同冲突消解流程
图片来源:作者自绘

(1)各专业按照项目要求,进行方案设计和深化设计,创建工业化住宅设计 BIM 模型。

(2)各专业进行专业内部协同冲突消解,并各自对本专业的 BIM 模型进行合理性检查,审核设计模型是否存在错误以及影响冲突检测的干扰问题。

(3)将各专业 BIM 模型导入冲突检测 BIM 软件,链接或合并各专业 BIM 模型,设定冲突检测规则,运行冲突检测,发现专业间的碰撞冲突。

(4)生成并输出冲突检测报告,并将各专业间的协同冲突问题反馈给设计人员。同时,对冲突检测规则的设定进行检讨,以利于今后的冲突检测规则设定的优化。

(5)各专业人员协同工作,根据冲突检测报告中的问题,在初始 BIM 模型中进行查找,删除或修改模型中的错误设计信息,并对之进行更新,完成协同冲突消解。

从基于 BIM 的协同冲突消解流程方法来看,运用 BIM 技术对协同冲突进行消解,能够在一定程度上促进工业化住宅设计团队中各专业之间的协作,不仅可以快速准确高效地检测出各专业 BIM 模型之间的碰撞

冲突,还可以反馈给设计人员进行设计优化,顺畅地消解了协同冲突,有助于工业化住宅设计团队各专业之间的协同。

二、基于 BIM 的信息冲突消解方法

信息冲突的产生源自建筑信息的缺失与错误,在工业化住宅部品的生产和装配阶段会带来较多问题:错误的设计信息会导致部品构件的生产不符合要求,在施工装配阶段造成冲突,带来设计返工,既降低了工业化住宅的设计效率,又拉长了工业化住宅的开发周期;建筑信息的缺失会导致部品构件无法实现精确定位,在装配时出现部品构件遗失和部品构件装错的情况,不利于工业化住宅的快速建造[15]。上述问题都是由工业化住宅的协同设计缺乏信息化的技术工具带来的,而 BIM 技术的介入将会给信息冲突的消解带来极大的帮助。因此,研究提出了 BIM 技术结合 RFID 技术作为消解信息冲突的具体方法。

BIM 是一个成熟的信息技术框架,利用 BIM 技术建立的 BIM 模型具备承载所有与建筑有关的信息的能力。运用 BIM 技术在工业化住宅的设计阶段,可以详细地将建筑的部品构件的所有信息(如材料、尺寸规格等)输入软件建立 BIM 模型,并选择合适的节点对设计信息进行检测与冲突消解,可以避免设计与部品生产之间信息传递的错误,实现了工业化住宅全生命周期的信息共享,提高了信息的精准度,满足了部品生产的需要,提前消解了信息冲突带来的施工阶段的矛盾与返工。

RFID 是 Radio Frequency Identification 的缩写,即射频识别,属于通信技术的一种。RFID 技术可以无需识别系统与目标之间直接接触,利用无线电信号就可以识别并读取目标及其数据。RFID 技术结合 BIM 技术应用于工业化住宅中,只需要将 RFID 标签(图 6-11)附着于工业化住宅部品构件上,由于 BIM 模型中已经囊括了部品构件的详细信息,通过扫描读写器(图 6-12)就可以读取其相关数据,既能够快速实现部品构件位置的定位,也能够有效地捕捉其中的详细信息,非常适合信息冲突的消解[16],其具体的流程方法如下(图 6-13):

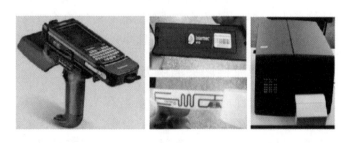

图 6-11 RFID 基本设备
图片来源:作者自绘

图 6-12 工厂生产阶段的 RFID 标签植入
图片来源:作者自绘

（1）首先需要在创建 BIM 模型时，尽可能详细地录入各种建筑信息，这是 BIM 优势得以发挥的重要基础。另外，为了有效地管理所有部品构件，需要在设计完成后，使用 RFID 技术对工业化住宅所有的部品构件进行编码，然后为每个部品构件分配一个独一无二的编码，以利于识别。

（2）在部品构件的工厂生产阶段，首先需要将 RFID 标签植入部品构件，RFID 标签内应该录入其对应部品构件的所有信息，可以实现部品构件生产与施工环节的有效管理。其次，从 BIM 数据库中读取部品构件的所有设计信息，并转录到工厂的部品构件生产管理系统中，然后再将所有部品构件的详细生产信息、材料应用信息、质量检测信息存入到 BIM 数据库。由于每一个 RFID 标签编码都是唯一的并与部品构件一一对应，确保了部品构件在生产、运输、仓储和装配过程中的信息准确性和精准定位。

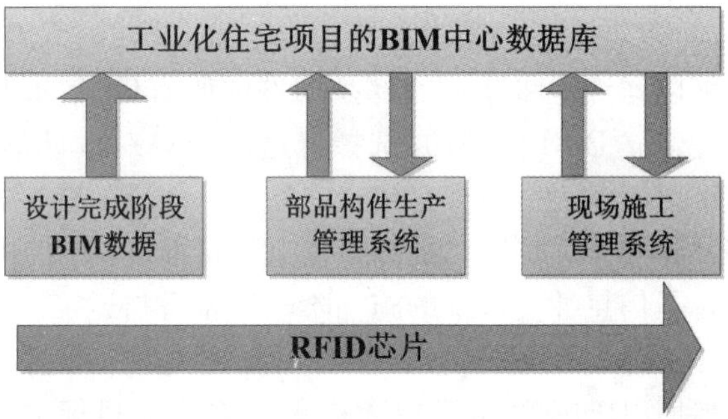

图 6-13 RFID 和 BIM 技术结合的信息冲突消解流程

图片来源：作者自绘

（3）在施工装配环节，RFID 技术与 BIM 技术的结合，将不会再出现部品构件遗失和部品构件装错的情况。这主要是通过在施工现场，工作人员以施工管理系统为基础，利用平板电脑和 RFID 芯片读取器快速读取与定位部品构件，实现了部品构件的实时追踪，可以有效地调用所需的部品构件并保证吊装装配的准确定位。

综上来看，RFID 技术与 BIM 技术的结合，避免了设计信息的遗失，确保了设计信息的准确性，实现了实时查询部品构件的参数属性以及快速定位部品构件的位置，有效地消解了信息冲突。

三、基于 BIM 的流程冲突消解方法

工业化住宅项目流程描述的是各个参与环节的时间流顺序、各专业扮演的角色以及它们之间所需要传递的信息。传统的住宅设计流程就是一种基于二维技术与图纸的流程表达方式，该方式使用分散的图纸表达设计信息，所表达的设计信息是分离、不完整的，它们之间缺少必要和有效的自动关联。这导致设计人员无法及时参照他人的中间设计成果，因而通常采用分时、有序的串行业务模式，信息交换只能通过定期、节点性的方式实现，提资就是一种典型的实现方式。这种传统的住宅设计流程，必然导致信息传递与共享的矛盾，归根结底属于流程不佳造成的冲突。

BIM 技术提供了统一的数字化模型表达方法与流程，可用于共享和传递专业内、专业间以及阶段间的几何图形数据、相关参数内容和语义信息，BIM 技术可以在真正意义上支持工业化住宅多专业团队协同共享的

并行业务模式。这种业务模式的变化必然导致传统串行业务流程的改变,并会对与其相关的建模、分析等业务内容产生影响,同时也会使原有的协同方式发生相应的变化。因此,研究提出了基于 BIM 的工业化住宅流程优化策略,作为流程冲突消解的方法。

在传统的住宅设计流程中,各专业都是基于 CAD 进行图纸绘制,各个专业的行为以分类的 CAD 图纸为基础,从方案设计阶段到初步设计阶段直至施工图设计阶段,每个阶段的设计内容都只体现在各专业的图纸上,之间缺乏联系,信息沟通不畅。图 6-14 绘制了传统的住宅设计流程,可以很直观地看出,各个专业之间信息是孤立的、无法共享的。

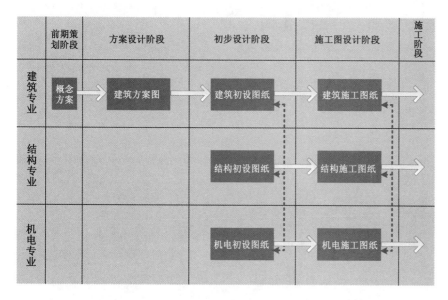

图 6-14 传统的住宅设计流程
图片来源:作者自绘

而通过 BIM 技术,则可以将各个阶段和不同专业的建筑信息模型整合到一起,促进了信息的共享和交流。但是,如果从 BIM 实施初期开始,就改变已有的设计流程,将引起设计单位内和与之相关的各个责任主体的业务流程的剧烈变化。因此,为了顺畅地消解流程冲突,又不导致新的剧烈冲突的产生,本研究提出了二阶段法,即第一阶段在传统设计流程中做初始优化,做到专业融合,待工业化住宅开发的各个环节均适应 BIM 技术后,再进化到第二阶段,真正做到阶段协同,从专业融合过渡到阶段协同,称之为过渡流程和协同流程。

图 6-15 给出了基于 BIM 的工业化住宅设计的过渡流程。在 BIM 实施的第一阶段,已有设计的各个阶段依然存在,只是增加了一个工厂制造环节。但在某一个具体设计阶段,各个专业可以共享建筑信息模型,避免了重复建模。如在方案设计阶段,结构专业和 MEP 专业共享建筑设计专业的基础模型。不同专业在各个阶段的 BIM 模型应具有相应的内容和深度要求,这些要求应该符合专业和阶段的制图内容和深度标准、各种规范文件、行业内的惯例和设计单位的规定。

在基于 BIM 的工业化住宅设计的协同流程中,各个专业将充分共享 BIM 模型。在每个设计阶段,还增设了综合协调环节,另外,在整个设计阶段内,所有的设计行为的载体都是 BIM 模型,不同专业间的界限和设计阶段间的边界都将会模糊(见图 6-16)。

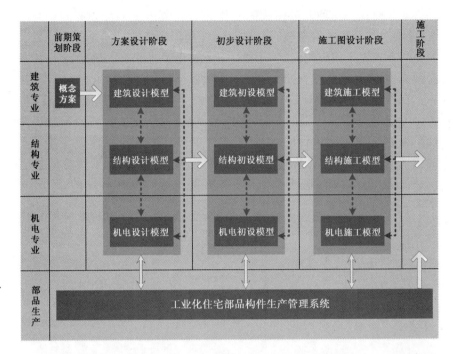

图 6-15　基于 BIM 的工业化住宅设计的过渡流程

图片来源：作者自绘

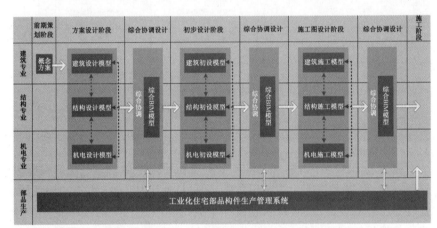

图 6-16　基于 BIM 的工业化住宅设计的协同流程

图片来源：作者自绘

这种基于 BIM 的协同流程转变与优化，不仅仅消解了流程冲突，与传统的设计流程相比，还做到了以下三个方面的优化：

（1）工作流程的优化：与传统方式相比，项目各参与方介入时间提前，合理缩短了整个工业化住宅项目周期。在每个设计阶段，工作任务相对前置，设计工作的内容更为深化，涵盖了某些以往在其后续阶段的工作内容，当前阶段的设计成果将会部分接近或达到下一个阶段初期的设计深度。设计人员可提早进行必要的相关分析和检测，从而减少设计错误，降低纠错成本。设计校审过程也将传统的二维校审转变为基于 BIM 模型的三维校审，由阶段性的校审转变为实时模型审查并结合阶段性校审的工作模式。

（2）数据流转的优化：实现了并行的协同工作模式——专业内部甚至各专业间在同一个数据模型上完成各自的工作，并可相互直接参照，实现了专业内及专业间的实时数据共享。通过各专业数据模型的链接和整合，在设计过程中就可以完成随时的协调过程，将很多设计冲突在设计过程中予以避免或进行解决，再辅以阶段性总体综合协调环节，从而实现了专业间更理想的综合协调效果。从传统的使用二维图纸与效果图相结合的项目协调方式,转变为直观的基于 BIM 设计模型的浏览、分析、模拟等方式,改变了项目协调方式和手段。

（3）工作效果的优化:提升了工作效率,特别是在方案设计阶段更为明显,设计人员可以将更多的精力专注于设计创意,二维图纸均可通过 BIM 模型自动生成。另外,在 BIM 模式下得以更多地发现和解决传统模式下的"错、漏、碰、缺"问题,由此带来设计内容的增多和设计质量的提升。

四、基于 BIM 的资源冲突消解方法

资源冲突的产生源自资源的匮乏或者对资源缺乏有效的规划、配置与调度,在工业化住宅的生产环节、物流环节和施工装配环节都会带来问题:部品生产厂家与施工部门之间缺乏有效的配合,生产计划无法跟上施工进展,会导致施工现场停工待料的冲突,进而会影响整个工业化住宅项目的工期;施工场地空间有限,物料进场时间不适宜,会导致住宅部品构件的堆放与有限的施工场地资源之间在空间上的冲突,不利于施工场地的安全。上述矛盾问题的解决,不能单纯地在冲突发生之后再消解,应该根据工业化住宅项目的实际进展,利用 BIM 工具,结合 GIS 技术与 RFID 技术进行提前规划,作为资源冲突消解的具体方法。

运用 BIM 技术与 RFID 技术的完美结合,不仅仅可以有效地消解停工待料的冲突,还可以实现工业化住宅施工阶段中零库存、零缺陷的目标[17];先利用 RFID 技术,收集部品构件的进场数据和仓储数据,再利用 BIM 技术建立 4D 施工模型与工作计划,实时管理施工进度并与部品生产厂家进行实时信息数据沟通。

RFID 技术收集数据分为两个环节:①在施工现场入口设置 RFID 标签传感收集器,物料与部品构件等经过施工现场入口时,收集器会自动读取物料和部品构件上的 RFID 标签,然后通过无线设备,将其相关数据传递至工业化住宅项目的 BIM 管理平台,并保存在工业化住宅项目的 BIM 中心数据库中;②在项目仓储场地入口设置 RFID 标签传感收集器,物料与部品构件在调离仓储场地时,说明其即将进入施工装配环节,这时再次读取其标签信息,然后将数据反馈回 BIM 中心数据库,实现物料等的实时监控。

在利用 RFID 技术实现物料与部品构件的实时可控的基础上,通过 BIM 技术建立 4D 施工模型与工作计划,将实际的施工进度与物料使用及剩余情况及时反馈到现场施工管理系统与部品构件生产管理系统[18],既有利于生产厂家及时地调整部品构件的生产计划和供应运输,也可以减小施工现场库存大、场地少的压力,明显地降低了因物料进场不及时导致的待工待料现象,减少了延误损失。

运用 BIM 技术与 GIS 技术的结合,可以实现资源与施工场地空间的优化配置,消除冲突:首先基于 GIS 技术提供的数据对施工场地条件和空间条件进行 BIM 建模,可以模拟场地的实际整体布置情况,有助于细化和优化场地布置方案。基于 BIM 模型的场地布置可以实现场地内的 3D 漫游,精确地呈现项目的场地条件,提前规避场地上的冲突(图 6-17)。另外,场地模型结合 BIM 建立的 4D 施工模型与施工计划(图 6-18),通过实时追踪施工进度,比较初始计划和实际数据,得出施工进展偏差,还

图 6-17 基于 BIM 模型的场地布置方案
图片来源:作者自绘

可以及时更新施工场地上的部品构件的堆放情况,以得到最优的资源利用规划,消解资源冲突对施工进度和质量的影响。

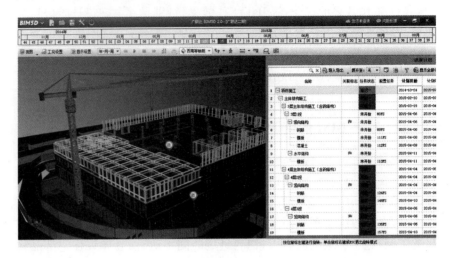

图 6-18 场地模型与 4D 施工模型模拟
图片来源:作者自绘

本章小结

本章研究首先分析了工业化住宅协同设计冲突产生的原因,总结了冲突产生的特点,对冲突进行了分类,根据产生原因,将其分为了协同冲突、信息冲突、流程冲突和资源冲突;依据冲突的检测性,将冲突分为可检测冲突和不可检测冲突;依据冲突的消解方式,将其分为可提前消解的冲突和不可提前消解的冲突。这为冲突的消解方法的研究提供了分类依据。

研究在对冲突分析的基础上,提出了基于 BIM 软件的冲突检测方法,并通过对几种国内外碰撞软件的分析研究,以 Luban BIM Works 为例,详细地总结了基于 BIM 的冲突检测流程与方法,并将之分为四个阶段。

研究最后指出当前的冲突消解方法的片面性和局限性,冲突消解不能单纯依靠一种策略,需要采用系统的信息技术的冲突消解方法。在此基础上,提出了基于 BIM 技术的冲突消解方法,并根据冲突产生的原因,对照协同冲突、信息冲突、流程冲突和资源冲突,分别探讨了有针对性的基于 BIM 的冲突消解方法。这些方法均从 BIM 角度统筹考虑工业化住宅开发过程中的冲突,利用 BIM 集成了各种技术,有效地消解了各类冲突,属于方法上的创新。

综上所述,冲突在协同设计过程中的作用至关重要,通盘考虑,它的存在有利有弊;不利的是,冲突的产生必然导致设计行为与过程的各类不协同,而冲突的消解也会消耗设计人员大量的精力与时间,导致设计成本的增加等;有利的是,冲突代表着设计的创新以及良好的开始,冲突的产生可以促使问题被提前发现并及时解决,可以极大地提高设计效率,真正实现协同设计的目的。随着冲突的一一消解,工业化住宅的设计方案会日趋完善,高品质的设计也应运而生。

注释

[1] 张萍. 多目标优化遗传算法在建筑协同设计冲突消解中的应用[D]. 济南:山东师范大学,2009.

[2] 杨科,康登泽,车传波,等. 基于 BIM 的碰撞检查在协同设计中的研究[J]. 土木建筑工程信息技术,2013,5(4):71-75,98.

[3] 杨科,车传波,徐鹏,等. 基于 BIM 的多专业协同设计探索系列研究之一:多专业协同设计的目的及工作方法[J]. 四川建筑科学研究,2013(02):394-397.

[4] 杨科,康登泽,徐鹏,等. 基于 BIM 的 MEP 设计技术[J]. 施工技术,2014(03):88-90.

[5] Klein M. Supporting conflict resolution in cooperative design systems[J]. IEEE Transactions on Systems Man & Cybernetics,1991,21(6):1379-1390.

[6] 李祥,王东哲,周雄辉,等. 协同设计过程中的冲突消解研究[J]. 航空制造技术,2001(1):32-35.

[7] Jung-Ho,Baek-Rae,Ju-Hyung,et al. Collaborative Process to Facilitate BIM-based Clash Detection Tasks for Enhancing Constructability[J]. Journal of The Korean Institute of Building Construction,2012,12(3):27-39.

[8] Wang G,Lei W,Duan X. Exploring the High-efficiency Clash Detection between Architecture and Structure[C]. Proceedings of 2011 International Conference on Information Management and Engineering(ICIME 2011). 2011.

[9] Solihin W,Eastman C. Classification of Rules for Automated BIM Rule Checking Development[J]. Automation in Construction,2015,53:69-82.

[10] 吴子昊. BIM 技术在建筑施工进程中的碰撞研究[D]. 武汉:武汉科技大学,2013.

[11] 荣华金,张伟林. 基于 BIM 的某商业综合体项目碰撞分析研究[J]. 安徽建筑大学学报,2015(02):82-87.

[12] 张骋. BIM 中的碰撞检测技术在管线综合中的应用及分析[C]. 2014 年 6 月建筑科技与管理学术交流会. 2014.

[13] 吉久茂,童华炜,张家立. 基于 Solibri Model Checker 的 BIM 模型质量检查方法探究[J]. 土木建筑工程信息技术,2014,6(1):14-19.

[14] 陈杰,武电坤,任剑波,等. 基于 Cloud-BIM 的建设工程协同设计研究[J]. 工程管理学报,2014(5):27-31.

[15][16] 齐宝库,李长福. 基于 BIM 的装配式建筑全生命周期管理问题研究[J]. 施工技术,2014(15):25-29.

[17] 尹航. 基于 BIM 的建筑工程设计管理初步研究[D]. 重庆:重庆大学,2013.

[18] 王婷,池文婷. BIM 技术在 4D 施工进度模拟的应用探讨[J]. 图学学报,2015(02):306-311.

第七章　工业化住宅部品 BIM 模型库的构建研究

第一节　本章研究目的

当前,"互联网+"正成为经济发展的热点。"互联网+"的具体含义是"互联网+传统行业"。由于"互联网+"代表着先进的生产力,如何在建筑业日益萧条的背景下,运用互联网技术推进并再次激发住宅开发行业的活力,提高住宅的设计与建造效率,是一个亟待解决的问题。许多大型设计公司与工业化住宅预制构件生产单位已经敏锐地意识到该问题,并积极地开发各种基于互联网技术的工业化住宅 BIM 辅助平台,以期实现 BIM 模型的存储与共享,充分提高工业化住宅的协同设计效率。这种 BIM 辅助平台,从根本上来说,就是在构建工业化住宅部品的 BIM 模型库。

通过 BIM 模型的共享,不但可以有效地提升单件 BIM 模型作品的使用次数,产生更多的社会效益,还可以节省设计工作者从头制作 BIM 模型的时间,提高设计工作者的社会劳动生产率。因此,工业化住宅部品 BIM 模型库的构建,对于实现工业化住宅协同设计至关重要。

然而,笔者通过对大量的设计公司和工业化住宅预制构件生产单位的调研,发现工业化部品的分类极为繁杂,缺乏统一的生产标准,也缺乏高规格的产业联盟,这意味着虽然通过 BIM 技术和互联网技术,可以实现 BIM 模型的共享,但是工业化住宅部品的非标准化仍会在很大程度上不利于甚至阻碍了工业化住宅协同设计的推进。

因此,本章的研究目的在于,梳理清晰工业化住宅部品进行 BIM 模型库构建过程中存在和面临的现状问题,明确工业化住宅部品 BIM 模型库构建的研究方法并提出针对性的解决相应实际问题的方法。在搭建系统性的工业化住宅部品 BIM 模型库的基础上,通过明确建立 BIM 模型库的原则,研究希望能够充分发挥 BIM 在协同设计方面的优势,进一步提高工业化住宅设计、生产、建造的效率,为工业化住宅协同设计的顺利实施提供有效的物质基础。

第二节 本章的技术路线

本章的研究,将分为三个环节进行:构建工业化住宅部品 BIM 模型库的系统分析、工业化住宅部品 BIM 模型库的构建原则、工业化住宅部品 BIM 模型库的构建与管理流程。构建工业化住宅部品 BIM 模型库的系统分析旨在提炼出工业化住宅部品的发展现状在协同设计方面遇到的问题,明确构建 BIM 模型库的优势与意义;工业化住宅部品 BIM 模型库的构建原则旨在横向上展开,希望通过明确构建工业化住宅部品 BIM 模型库的研究方法,形成相应的构建原则,用以指导解决工业化住宅部品在协同设计过程中遇到的实际具体问题;工业化住宅部品 BIM 模型库的构建与管理流程旨在纵向上深入,明确 BIM 模型的构建标准化流程,给工业化住宅部品 BIM 模型库的构建提供理论与管理依据。具体的技术路线分为如下三个阶段:

第一阶段:构建工业化住宅部品 BIM 模型库的系统分析

首先对工业化住宅部品的概念及其特征进行辨析,其次分析工业化住宅的发展中在部品构件方面遇到的问题,尤其是与协同设计层面产生冲突的原因,然后通过调研和文献整理,提出工业化住宅部品构建 BIM 模型库在协同设计方面将产生的优势与帮助,明确构建部品 BIM 模型库的意义和必要性,为 BIM 模型库的构建奠定理论依据。

第二阶段:工业化住宅部品 BIM 模型库的构建原则

本阶段的研究目标是有针对性地解决第一阶段分析出的工业化住宅部品在协同设计方面存在的现状问题。研究明确该阶段的研究方法为技术移植,即借鉴 BIM 软件 Autodesk REVIT 中"族"的概念与制造业 PDM(Product Data Management,产品数据管理)中"零件"的概念,将构建原则明确为"模块信息化原则""通用系列化原则""信息标准化原则"三个方面,然后通过每一个层面的展开和深入,总结出工业化住宅部品 BIM 模型库的详细构建原则。这些原则是构建工业化住宅部品 BIM 模型库的核心,也是本章的核心研究内容。

第三阶段:工业化住宅部品 BIM 模型库的构建与管理流程

这一阶段是在对工业化住宅构建部品 BIM 模型库的系统分析和构建原则的基础上,给出标准化的建设流程,一般包括如下四个步骤:总体方案规划、管理规范确立、系统平台搭建、模型数据导入。然后,对每一个步骤进行拆解,进行细节补充,以求标准化的建设流程能够尽量完善,可以用来指导工业化住宅设计企业、构件生产企业或产业联盟建立针对他们企业特点的部品 BIM 模型库。

第三节 构建工业化住宅部品 BIM 模型库的系统分析

一、工业化住宅部品的概念

1. 住宅部品的概念

想要厘清住宅部品的概念,首先需要了解该词的来源。日语里首次使用了"部品"这个词，用来泛指组成整体的多个部分中的某一个基本单位[1]。"部品"其实是针对"成品"来定义的，是组成"成品"的基本单元。"部品"再往微观层面拆分，可以分成"零件""构件"等基本单元，部品相比于零件来说，更为整体。通常来说，部品都是通过对零构件的组装，在工厂里生产出来的半成品，再运往集中场地进行简易拼装，组成最终的成品。因此，部品的可组装性与组装效率相对零构件来说更强更高。

"住宅部品"则同样源自日语。根据部品的定义，"住宅部品"属于组成住宅成品的一个基本单元[2]。建筑的基本构件和原材料就相当于"零件"，在工厂里进行初加工和组装，组成具有相对独立功能的"住宅部品"，再运至施工现场进行装配，满足住宅的某一基本功能[3]。举例来说，建筑材料中的水泥、砂浆、铝合金面板等可以加工成窗台、窗框等建筑的基本构件，窗台、窗框和工厂预制的外墙板在工厂里组装，则构成了一块基本的外墙部品（如图7-1所示）。

图7-1 某住宅外墙部品
图片来源：作者自摄

2. 住宅部品在国内的发展及概念诠释

住宅部品在国内的提倡与发展最早可见于国务院办公厅以国办发〔1999〕72号转发建设部等部门的《关于推进住宅产业现代化提高住宅质量的若干意见》文件中，该意见明确了应该"完善住宅的建筑和部品体系"[4]；随后，建设部在住宅领域开展了一系列的国际交流与合作，与美国的住房和城市发展部（Department of Housing and Urban Development，简称"HUD"）、加拿大的国际开发署（Canadian International Development Agency，简称"CIDA"）、加拿大抵押和住房公司（Canada Mortgage and Housing Corporation，简称"CMHC"）和日本国际协力机构（Japan International Cooperation Agency，简称"JICA"）合作了住宅部品的项目，并在2001年与日本共同开启了"住宅性能与部品认定的合作研究"，这标志着对住宅部品的开发与研究正式步入政策层面。

根据《国家康居示范工程实施大纲》和《商品住宅性能认定管理办法》，建设部住宅产业化促进中心在2005年编撰了《国家康居住宅示范工程住宅部品与产品选用指南》，并将住宅部品划分成四个体系[5]：支撑与围护部品、内装部品、设备部品和小区配套部品。在2006年，该中心又编撰了《住宅部品与产品选用指南》，并在该书中对住宅部品进行了初步定义[6]——住宅建筑中具有规定功能的独立单元，是由建筑材料、制品及零配件等组合而成的。该书还指出，住宅产业现代化的重点是发展住宅部品的工业化与标准化，并将之作为住宅工业化发展的基础。

住房和城乡建设部住宅部品标准化技术委员会则将住宅部品写入了标准化，在2009年出版了《中华人民共和国国家标准（GB/T 22633—2008）：住宅部品术语》，该术语由住建部提出，由住建部产业化促进中心联合标准设计院、地方产业化促进中心和部分住宅产业化公司共同起草。该标准对住宅部品进行了明确的定义[7]，即住宅部品（Housing parts）是"按照一定的边界条件和配套技术，由两个或两个以上的住宅单一产品或复合产品在现场组装而成，构成住宅某一部位中的一个功能单元，能满足该部位一项或者几项功能要求的产品。"同时，标准又对住宅部品体系进行了修订，在原有四个体系的基础上，将其划分为了七个体系：结构部品体系、外围护部品体系、内装部品体系、厨卫部品体系、设备部品体系、智能化部品体系和小区配套部品体系。

3. 工业化住宅部品的概念及其特征

工业化住宅部品的概念,可以根据对住宅部品的概念和工业化住宅的特征进行梳理后得出其概念,即工业化住宅部品是按照一定的边界条件和技术规则,由多个工业化住宅产品或构件通过工厂生产及拼装而构成的工业化住宅的基本功能单元,且能满足工业化住宅某一部位的基本性能。另外,工业化住宅部品还需具备以下基本特征:

(1)标准化

工业化住宅部品因为是由工业化住宅产品和构件组装而成的,必然符合产品的特征,要想有利于大规模生产,降低成本,就必须遵循一定的设计规则和标准,才有利于工业化生产[8]。标准化的前提则是模块化,工业化住宅产品构件需要遵循模数化协调的基础,部品生产也需要遵循模数化的原则。以模数化为前提的标准化,将保证工厂的批量生产和施工安装的准确高效。但是,标准化不代表限制工业化住宅部品的多样性。工业化住宅部品可以在模块化的基础上做出多种符合标准化的组合,既可以丰富工业化住宅部品作为产品的多样性,也可以有效地控制成本。

(2)工厂化

工业化住宅部品的大部分工艺环节,应该是在工厂里完成(如图7-2所示)。这种工厂化的产品特征,保证了施工质量、加快了施工进度、降低了建造成本。传统的手工建造的模式无法保证住宅的施工质量,工业化住宅部品必须满足在工厂生产、工厂拼装的要求,实现部品工厂化,因此制造精度极高,完全可以保证现场的施工质量。工业化住宅部品在施工现场仅需要吊装后精确定位,不需要现浇养护等复杂环节,又有利于加快施工进度;另外,部品工厂化大规模生产,有利于降低单品的成本,进而可以降低工业化住宅的建造成本[9]。

图7-2 工业化住宅部品生产工厂内景
图片来源:作者自摄

(3)通用化

工业化住宅部品应具备通用化的特征。通用化的前提是标准化,标准化的目标是通用化。一般的通用化是指在不同的系统中,标准化形式的系统基本单元可以实现单元互换或模块互换。工业化住宅部品的通用化则是指将住宅部品标准化之后,确保不同厂家生产的同类部品,可以任意替换。另外,部品通用化还涉及工业化住宅不同部位的部品通用性,这样可以扩大部品的使用范围,极大地减少部品种类与数量,进而实现所有部品的标准化生产,降低成本[10]。

(4)系列化

工业化住宅部品还应具备系列化的特征。系列化的前提也是标准化,标准化的高级表现形式是系列化。在工业化住宅部品标准化的基础上,通过对同一类住宅部品的改进规律进行总结归纳,再进行经济性和技术性的综合比较,将工业化住宅部品的尺度、参数和形式优化,可以形成一系列部品和配套部品。系列化优化了部品结构、完善了部品功能、丰富了部品类型,在标准化的基础上做到了多样化,是标准化发展的高级阶段[11]。

(5) 绿色化

绿色化指的是工业化住宅部品既要做到生产环节的低损耗,又要实现功能的耐久性,还要满足部品的易替换性[12]。工业化住宅部品实现了工厂生产,方便了施工材料的选择,因此应该有针对性地优化材料选择和生产环节,在保证质量的前提下,尽可能地降低生产损耗。同时,部品中不同构件的组合应该做到整体性能优于传统工艺,提高住宅各部位功能的耐久性。最后,工业化住宅部品还应该在主体结构不变的基础上,保证损毁或老化的部品方便拆卸和易于替换,延长工业化住宅的使用年限,实现工业化住宅的绿色可持续发展。

二、工业化住宅部品发展存在的问题

虽然工业化住宅部品应该具备标准化、工厂化、通用化、系列化和绿色化的特征,但不代表工业化住宅部品的发展是一帆风顺的。事实上,国内的工业化住宅部品体系才刚刚建立,发展还不成熟,在上述五大方面还或多或少存在问题,比较突出的有以下几点:

(1) 问题一:设计标准不统一

当前,我国的住宅部品虽然有设计标准,但在政府层面上的标准也不统一,譬如上文提到的住建部产业化促进中心有其主导的住宅部品术语,而地方政府也有一系列不同的标准出台,例如北京市住建委出台过《北京市产业化住宅部品评审细则》和《北京市产业化住宅部品认证目录》,重庆市城乡建设委员会针对重庆市颁布过《重庆市住宅部品认定管理办法》,宁夏住建厅制定的《住宅部品与产品认证管理办法》只对其管辖范围内的符合标准的部品颁发《住宅部品与产品认证证书》,并汇编《宁夏住宅部品与产品选用指南》。上述现象导致住宅部品虽有标准可依,但标准杂乱不统一,反倒在某种程度上制约了住宅部品的发展。

(2) 问题二:标准针对性不强

另外,在住建部层面,还没有针对工业化住宅出台相应的标准,其2004年试行的《低层轻型钢结构装配式住宅行业标准》以及2014年实施的《装配式混凝土结构技术规程》,面向的仅是不同结构类型的工业化住宅,并没有专门针对工业化住宅部品提出标准与要求。各级别政府和行业协会对工业化住宅部品的标准仅见于重庆市城乡建设委员会2015年推荐实施的《装配式住宅部品标准(DBJ50/T—217—2015)》。这说明工业化住宅部品的设计标准还有待于进一步深入研究。

(3) 问题三:设计机制不灵活

根据工业化住宅部品的概念与内涵,部品应该是"不针对特定对象、可大规模生产、批量向市场供应的产品",而当前的现状却是工业化住宅部品的设计工作由设计院分担,厂家根据图纸定制,这基本上背离了工业化住宅部品的初衷。正确的工业化住宅部品发展途径应该是厂家主导,设计院根据不同居住需求在设计图纸里选用厂家的部品。但是我国现行的设计机制却限制了这种发展思路[13]：工业化住宅部品和构件生产厂家不具备设计资质，部品只能由具备设计资质的设计院设计后再交由厂家生产；部品按照企业的标准生产时，往往需要进行构件拆分，对构造节点二次设计和加工深化后，再返给设计院审核盖章后才能再生产。这种设计机制极大地降低了设计效率，不利于工业化住宅的协同设计。

（4）问题四：通用化基础薄弱

虽然工业化住宅部品的通用化可以减少部品种类，实现部品标准化生产并降低成本，但国内的现状是工业化住宅部品的种类繁多且通用性差，这主要归结于以下几个原因[14]：从工业化住宅的结构体系来说，结构体系多样化导致了不同结构体系的部品无法通用；从资本的角度看，工业化住宅部品的生产初始投资较大，生产企业会尽量选择定型化产品来规避风险，较少考虑部品通用化；从信息流通的角度来看，工业化住宅开发企业与设计院均缺乏有效的工业化住宅部品数据库，许多成熟的部品设计无法实现跨单位任意调用，造成企业间的住宅部品通用性差；不同企业间的部品对外接口标准不统一，也导致了工业化住宅部品替换难度大。

（5）问题五：施工设备较匮乏

工业化住宅不同于传统住宅的建造模式在于，住宅部品构件需要在施工现场进行吊装后安装（图7-3），因此，施工机械设备的先进化程度也会反映工业化住宅部品的发展程度，塔吊的多少与效率也决定了部品吊装的效率。同时，工业化住宅部品占空间较大，往往需要专用拖车运输至工地（图7-4），这些拖车的进场安排以及吊装顺序，也是发展工业化住宅部品必须关注的。总体而言，国内在施工机械以及运输设备上还是相对匮乏的，这都阻碍了工业化住宅部品的发展[15]。

图 7-3　构件的现场吊装
图片来源：作者自摄

图 7-4　远大住工对工业化住宅部品的运输
图片来源：http://www.broad.com/

三、构建工业化住宅部品 BIM 模型库的必要性

工业化住宅部品的理念与制造业中"零件"的概念极为类似，BIM 的

理念与制造业的 PDM 也非常相近：部品是工业化住宅的基本单元，"零件"构成了制造业里航空、船舶、汽车等行业的基本单位；BIM 管理的是构件的数据信息，PDM 管理的基本单元则是单个"零件"。制造业相比建筑业尤其是住宅行业来说，在管理理念和制造效率上均大幅度领先，向制造业的 PDM 管理方式学习借鉴不失为一个好的方法。传统的住宅多采用现浇的方式，"零件"概念不清晰，很难借鉴制造业的先进经验。工业化住宅的基本单元则是部品，部品又是由"梁、柱、板、楼梯、窗"等基本构件构成（如图 7-5、图 7-6 所示），且在工厂拼装，相当于部品被"零件化"了，这与制造业的生产方式极为接近，可以说 BIM 在工业化住宅部品的发展中具备先天的优势。同时，工业化住宅的模块化特点，决定了部品库的构建有利于部品利用率的提高，利用 BIM 技术则容易实现部品库的构建与管理，因此，构建工业化住宅部品 BIM 模型库是非常必要的。

图 7-5　工业化住宅梁、板、楼梯等基本构件
图片来源：作者自摄

图 7-6　工业化住宅外墙部品
图片来源：作者自摄

四、构建工业化住宅部品 BIM 模型库在协同设计方面的优势

许多专门从事工业化住宅设计的设计企业和工业化住宅部品生产的厂家，在运用 BIM 的过程中，积累了大量的工业化住宅部品的 BIM 模型，对这些模型稍加改进和处理，可以形成反复利用的 BIM 资源。若建立了工业化住宅部品 BIM 模型库，使部品的 BIM 资源得以有效利用，会降低工业化住宅协同设计运用 BIM 的成本，充分发挥 BIM 在协同设计中的价值[16]。因此，从 BIM 的特点来看，构建工业化住宅部品 BIM 模型库也是必要的，其在工业化住宅部品的标准化，生产、安装和信息化方面将发挥至关重要的作用，而且在协同设计方面具备以下优势：

（1）降低成本

工业化住宅部品 BIM 模型库将成为设计企业、生产企业的信息资产，有利于实现各专业之间的数据信息的高度共享和部品模型的重复利用，降低了企业的设计成本与生产成本，夯实了协同设计的信息化基础。

（2）数据统计

基于 BIM 的部品信息化，可以充分发挥 BIM 可计量的特点，既便于设计企业统计构件的数据信息,也有助于生产企业统计部品构件的生产数据和计算物料清单。因此,工业化住宅部品 BIM 模型库将成为部品设计生产企业的数据支撑平台。

（3）部品深化

工业化住宅部品是在工厂生产,现场组装,因此部品的设计和加工精度决定了现场施工拼装的准确度,所以部品深化设计环节非常关键,可以预防工业化住宅部品在施工现场不发生错误。但是工业化住宅部品是由较多的预制构件组成,在深化环节难免会发生位置错位、构件碰撞等问题,而将部品 BIM 模型化,有助于利用 BIM 可视化的特点,可以在构建 BIM 模型的过程中运行碰撞检测,将构件之间的碰撞冲突提前消解,很好地保证了工业化住宅部品的生产精确度,在部品深化设计与生产上具备先天的优势。

（4）协同管理

通过构建工业化住宅部品的 BIM 模型库,可以在不同组织(业主、设计、生产、施工、管理)之间搭建起基于 BIM 部品库的工程信息管理平台,使工业化住宅的各参与方可以同时加入到工业化住宅的开发运作中,相当于实现了工业化住宅项目管理的协同,有助于工业化住宅全生命周期的管理。

（5）便于检索

工业化住宅部品的 BIM 模型信息量大,以往存在着不同存储格式间信息交流的障碍,且经常出现信息重合与错误,工业化住宅部品 BIM 模型库便于不同企业间的信息检索,消除了信息壁垒,有助于部品 BIM 模型的标准化与通用化,将成为工业化住宅的《营造法式》和《工程做法则例》。

第四节　工业化住宅部品 BIM 模型库的构建原则

从 BIM 模型的重要性角度,要达到对 BIM 模型及部品构件重用的最大化要求,必须结合工业化住宅的实际现状和特点,完成对 BIM 模型资源的模块化、信息化、通用化、系列化、标准化等方面的整合,才能保证 BIM 模型库中存储的模型及部品构件,适应工业化住宅的需求,并能在实际协同设计过程中具有良好的通用性,同时具备良好的协同性及可扩展性,以适应工业化住宅领域不断发展的需要。

在 BIM 模型资源库建设过程中,应重点关注基于 BIM 的工业化住宅部品的模块信息化实现、通用系列化整理以及 BIM 模型的信息标准化管理三方面的工作内容。其中,对于基于 BIM 的工业化住宅部品的模块信息化实现是模型库构建的技术规则与基础,通用系列化整理是 BIM 模型可扩展的前提,应作为 BIM 模型库前期构建的重点内容;对于 BIM 模型的信息标准化管理,可以依据基于 BIM 的工业化住宅部品产业联盟的发展,在后期循序渐进地进行。具体的原则与方法如图 7-7 所示:

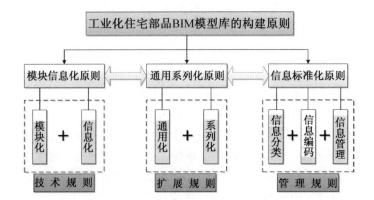

一、模块信息化原则

模块化原则的含义是:先将复杂的系统拆分成简单的模块,研究模块的组织、设计、管理与创造,然后根据统一要求,再将模块集成为创新的集成系统[17]。模块化有助于将复杂的活动简化为单个模块,只需要将单个模块进行创新,就能够带来复杂系统的突破与创新。模块化方法主要包含拆分与集成两个环节。

模块化应用的基础是批量定制,其方法广泛运用于汽车、飞机和造船等行业。工业化住宅的目标是大批量生产与定制,恰恰非常契合模块化的思想。因此,模块化方法非常适合工业化住宅部品的研究。它为工业化住宅部品的拆分与集成,提供了理论依据和方法。图 7-8 表达的是汽车制造业模块化理念应用于工业化住宅中的设想及其比较。

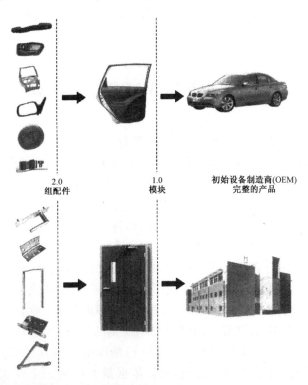

2.0　　　　　　1.0　　　　初始设备制造商(OEM)
组配件　　　　模块　　　　完整的产品

图 7-8　汽车制造业与工业化住宅的模块化理念比较

图片来源:《再造建筑:如何用制造业的方法改造建筑业》

积累模块化的部品 BIM 模型可以缩短设计周期、控制整体质量、降低成本,是构建部品 BIM 模型库的基础。BIM 部品模块信息化整体方法是:按照模块化的原则(方法),基于实际需要,对已有工业化住宅部品进行拆分,整理成基本构件,然后对基本的构件进行信息化录入,形成富含信息的 BIM 构件,最后将 BIM 模型的构件重新组合在一起,最终形成一系列通用性较强的部品单元。

1. 模块化原则的基础——模数协调体系

针对工业化住宅的模块化原则要求从轴线定位到住宅部品的尺寸,都必须符合模数制。在此基础上,模块化原则还要求在上述模数制的空间体系下,施工工序的不同环节应与住宅部品彼此协调和统一。从本质上来说,工业化住宅的模数协调体系意味着工业化住宅部品在设计和工厂生产时应遵循一定的规则尺寸,同时在施工安装环节也应该遵守同样的规则尺寸。工业化住宅部品的构件拆分与整理,也必须以模数协调体系为基础,使拆分后的部品构件在模数上相互协调,才有利于构件 BIM 模型最终的部品集成。

(1) 模数协调标准的发展(图 7-9)

以我国为例,在西方发达国家的影响下,国内在 1950 年代引入了现代模数理论,标志着模数协调标准研究的开始。原国家基本建设委员会在 1950 年代批准了《建筑统一模数制》(GBJ2—73),规定了基本模数、扩大模数等模数协调标准的基本问题。1973 年,国家基本建设委员会又对《建筑统一模数制》(GBJ2—73)进行了修编。20 世纪 80 年代,在住房短缺的背景下,一系列工业化住宅体系(如预制大板、框架装配、大型模板等)随之兴起,受此影响,城乡建设环境保护部会同有关部门再次修订了建筑模数标准,国家计划委员会将《建筑模数协调统一标准》(GBJ2—86)批准为国家标准。随后的几年间,又陆续制订了五个与建筑模数标准相关的标准:《建筑门窗洞口尺寸系列》(GBJ5824—86)、《住宅建筑模数协调标准》(GBJ100—87)、《建筑楼梯模数协调标准》(GBJ101—87)、《住宅卫生间功能及尺寸系列》(GB11977—89)和《住宅厨房及相关设备基本参数》(GB11228—89)。这一系列标准明确了工业化建筑的技术前提是建筑模数的标准化,且规定了建筑门窗、厨房设备、楼梯模数和住宅卫生间四个方面的模数标准化,但是对住宅部品和建筑体系之间的模数协调方面,并没有做出非常详细的规定[18]。

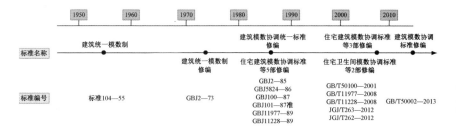

图 7-9 国内模数协调标准的发展历程
图片来源:作者自绘

2001 年建设部对住宅模数标准进行了修编,颁布了《住宅建筑模数协调标准》(GB/T50100—2001),并在 2008 年对与住宅相关的另外两个标准也进行了修编,分别形成了《住宅卫生间功能及尺寸系列》(GB/T11977—2008)和《住宅厨房及相关设备基本参数》(GB/T 11228—2008)。2012 年,住建部在之前的模数标准基础上,针对住宅卫生间和厨房颁布了《住宅卫生间模数协调标准》(JGJ/T263—2012)与《住宅厨房模数协调标准》(JGJ/T262—2012),标志着住宅部品层面的部分模数协调标准已经较为成熟[19]。

2014 年,住建部再次对建筑模数标准进行修编,颁布了《建筑模数协调标准》(GB/T 50002—2013)，在模数协调原则和模数协调应用方面，做出了详细规定。这可以说为工业化住宅部品的模数化奠定了标准化的基础。

（2）模数网格与工业化住宅部品的定位

工业化住宅部品要实现模数化的可能性，首先需要在建筑模数协调标准的基础上建立工业化住宅模数化网格。这既可以为结构体系提供三维模数化空间，也能够确保结构体系及其构件能够符合模数化尺寸，还能够确保部品体系及其构件符合模数化系列。建立工业化住宅模数化网格的目的不仅仅在于模数协调，还在于以下重要环节：可以协调工业化住宅产业链的所有环节；少量标准化的工业化住宅部品就可以实现工业化住宅类型的多样化；在三维网格空间系统的协调下，标准化的工业化住宅部品组合可以满足复杂的个性化需求；工业化住宅部品可以实现便捷互换。

模数网格与工业化住宅部品的定位关系主要有以下三种：轴线定位、边界定位和距离定位。轴线定位是指以工业化住宅部品的中心轴线为基准模数网格；边界定位是指以工业化住宅部品的边界为基准模数网格；距离定位是指在工业化住宅部品边界外划定规定的距离后再作为模数网格的基准。

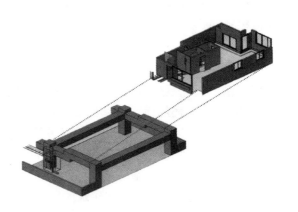

图 7-10 SI 体系的分离概念
图片来源：《住区》杂志 2009 年 01 期

上述定位关系主要是为了保证工业化住宅部品安装环节的模数协调，不同的工业化住宅结构体系需要灵活选择。对于如图 7-10 所示的 SI 体系（SKELETON & INFILL）来说，支撑结构选择轴线定位而填充体系选择边界定位是非常合理的[20]；对于 PC 结构（Precast Concrete、装配式混凝土结构）而言，不同厂家的结构体系的定位关系也不一样，如万科集团的套筒灌浆连接结构体系和宇辉集团的浆锚连接结构体系，可以选择轴线定位与边界定位相结合，对于合肥西伟德公司的叠合墙板结构体系，则应该选择边界定位。这种情形的出现是因为不同的结构体系要求可能会造成结构支撑体（如剪力墙）的厚度与模数不吻合，采用轴线定位可能会造成住宅内部的隔墙与模数不吻合，这种情况下就需要采用边界定位，从而保证隔墙之间的尺寸符合模数网络。

2. 模块化原则的目标——部品模数体系

包括住宅建筑模数协调标准在内，我国的建筑模数协调标准对建筑模数网格等方面做出了规定，但多体现在结构体系和填充体系的指导方面，对住宅卫生间和厨房虽然也有涉及，但是还缺乏对住宅部品的设计方面的引导，所以工业化住宅部品在设计与工厂生产时，在模数体系上还存在欠缺。确定模数化原则的最终目标在于,不仅保证工业化住宅部品的安装定位遵循模数网格,工业化住宅部品也应该符合模数体系。因此,还需要建立工业化住宅部品模数体系。图 7-11 为工业化住宅部品模数体系框架。

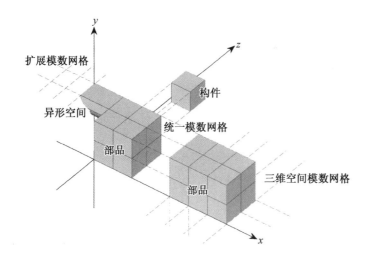

图 7-11 工业化住宅部品模数体系框架
图片来源:作者自绘

建立工业化住宅部品模数体系,应遵循以下四个具体流程:

(1)首先应从宏观层面进行把控,在符合住宅建筑模数协调标准的基础上,划分出工业化住宅某部品的三维空间模数网格,确保部品整体性符合模数化的要求。

(2)将部品拆分成构件。因为工业化住宅的构件均在工厂内生产,可以保障加工精度,所以只需要求构件设计符合模数化的标准,就能够使构件与三维空间模数网格相吻合。需要注意的是,构件层面的安装定位也应遵循模数网格与工业化住宅部品的三种定位关系(轴线定位、边界定位和距离定位)。

(3)为了提高工业化住宅部品的系列化程度,应在标准化的基础上适当地考虑构件可换性。为了符合异形空间的要求,部品不仅可允许扩展模数网格的存在,还可在异形空间局部预留"公差",提高构件接口的可换性。

(4)比较不同部品间的模数网格,简化并统一模数网格,使工业化住宅不同部品的连接均符合模数化的要求。

3. 信息化原则的基础——"族"概念的引入

工业化住宅部品拆分成构件,必须录入相关的信息,才能够构成 BIM 的基本构件。在 BIM 软件中,Revit Architecture 比较具有代表性,其软件中的"族"的概念非常适合工业化住宅部品构件的 BIM 操作。

在 Revit Architecture 这个 BIM 软件中,组成项目的基本构件用"族"来表示,"族"同时也是参数信息的载体[21]。简单来说,族作为一个图元组,既含有通用属性,又含有相关图形信息。属于一个族的不同图元的部分或全部参数可能有不同的值,但是参数的集合是相同的。族中的这些变体称作族类型。族中的每一类型都具有相关的图形表示和一组相同的参数,称作族类型参数[22]。

借鉴"族"的概念,可以运用 BIM 技术将构件族作为工业化住宅部品的基本构件和元素。这些基本构件族不仅仅包含传统意义上的几何尺寸,还包括物理属性如材料、构造等,甚至可以囊括构件生产厂家的信息[23]。构件族通过模块化集成为工业化住宅部品后,可以为工业化住宅全生命周期提供丰富的数据信息,方便了工业化住宅的设计、生产、建造和管理,为协同设计的实现提供了信息化的基础。综上,由工业化住宅部品拆分的 BIM 构件族具备以下主要特征:

(1) 信息无缺失:经过信息化处理后,构件族成为了工业化住宅部品 BIM 模型库的基本单元,涉及工业化住宅全生命周期的设计信息、生产信息、建造信息和管理信息均可以从构件族中提取和统计,保证了工业化住宅协同设计的信息完整性。

(2) 设计参数化:构件族录入时的丰富参数化信息,有助于对部品的集成进行模拟,扩展了部品的通用性和系列化,也方便了物料的统计和造价的计算等数据分析环节。

(3) 构件间关联:构件族通过 BIM 处理后,参数信息之间是相互关联的。构件族经过部品集成后,若某个构件的参数信息发生变化,与之关联的所有参数化信息均同时更新。这种"一处更新,处处更新"的参数关联性,避免了部品集成的返工。

因此,在确定了模数化的原则与方法的基础上,可以将工业化住宅部品进行拆分、整理成包含参数信息的基本构件族,作为部品 BIM 模型集成实现的前提。

4. 信息化原则的实现——构件"族"的建立

参照 Revit Architecture,工业化住宅的构件"族"的建立应遵循以下四个流程(图 7-12):

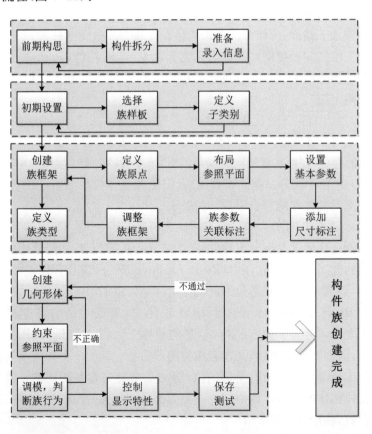

图 7-12 工业化住宅构件"族"的建立流程
图片来源:作者自绘

(1) 前期构思与准备

按类型和部位,将工业化住宅部品拆分为基本构件,预先准备好构件族需要录入的所有相关信息。

（2）构件族创建的初步设置

首先根据工业化住宅构件的特点，选择族样板，然后定义其子类别。

（3）构件族的特性设置与框架的搭建

首先定义族原点或在部品文件中的插入点，确定布局参照平面或参照线，其次对构件族的特性进行设置（基本参数如构件尺寸标注、构件编号等参数化数据），再调整族框架，完成族框架的搭建，最后定义族类型，创建几何形体。

（4）构件族文件的测试与检查

将几何形体约束到参照平面，调整模型，判断族行为，然后进行初步检查，若正确的话，进一步设置子类别和可见性参数，控制显示特性，保存后载入部品集成 BIM 模型进行测试。

5. 模块信息化原则的实现——模块化集成

不同于简单的分解行为的是，模块化方法的难点在于模块化集成。相比于传统住宅设计中将结构层、保温层、窗框和窗简单组合成外墙系统的集成方式，模块化集成更重视基本构件单元的优化组合[24]。模块化方法将工业化住宅部品当成系统进行优化组合，首先分解功能近似的基本构件，其次运用信息化的 BIM 技术进行录入和汇总，形成具备完善信息的基本功能模块（构件），最后再运用模块化集成方法把所有模块（构件）经过系统优化组合和连接成某一部品系统。

以外墙围护部品为例，其是由结构构件、保温构件和饰面构件等构件优化组合而成。外墙围护部品不仅要满足保温、隔热、遮风、防水等基本功能要求，还应该集成管道、通风设备等基本功能构件。运用模块化集成方法，应该先以模数协调体系为基础，将工业化住宅外墙维护体系拆分为保温构件、结构构件、设备构件等基本的模块，再运用信息化手段形成模块（构件）BIM 族，在 BIM 软件中，将各个模块进行优化组合后运用 BIM 软件中的碰撞检测功能，提前消解交接不利的冲突，最终集成为外墙维护部品。这种模块组合后再运用 BIM 技术检测，将保温、隔热、防水、设备、管线等优化集成连接的逻辑方法，就是模块化集成的基本思路。

6. 工业化住宅部品模块信息化流程

综上所述，工业化住宅部品模块信息化的流程如图 7-13 所示：

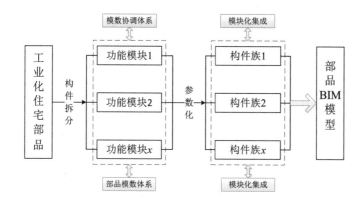

图 7-13　工业化住宅部品模块信息化流程图

图片来源：作者自绘

二、通用系列化原则

构建工业化住宅部品 BIM 模型库的通用系列化原则主要体现在两个方面：通用性原则和系列化原则。

所谓通用性,是指以住宅部品的标准化为基础,不同的系统中可以在相同类型的部品或相同功能的部品间实现尺寸互换和功能互换,即部品和构件可以不修改尺寸和功能,就能够跨系统更替[25]。通用性既可以拓展同一住宅部品的应用半径,又可以避免住宅部品和构件的重复设计,降低设计成本。

所谓系列化,是指比较、总结相同类型的住宅部品的规格、性能、连接方式等技术特点后,归纳出这类住宅部品在指标参数方面的规律,以便生产系列化的部品和构件产品。部品系列化后应该具备相同的规格和核心构件,并且核心构件具备互换性,非核心构件具备扩展性[26]。

1. 通用性原则的基础——部品通用体系的建立

通用性原则的实现是以通用性工业化住宅体系为基础的,这种体系应该是开放型的。在这种体系中,工业化住宅部品可以在标准化、模数化原则的控制下产生多样的类型。

这种通用性体系应该具备如下三个特点:

(1) 开放性和多样性:工业化住宅部品和构件可以批量化生产,部品和构件具备通用性,业主的不同要求可以利用通用性的部品和构件满足,体现通用体系的开放性和多样性。

(2) 效率提升:部品和构件的大规模工业化生产,对于提高整个住宅行业的工业化水平、提升住宅性能和建造速度、降低造价来讲非常有利。

(3) 设计模式的转变:传统住宅设计模式在施工图环节才进行构件细部设计,通用体系中,构件和部品设计前置。

与通用体系特点相反的是专用体系,主要通过将住宅规格定型的基础上再将部品构件定型。专用体系的优点是部品构件规格品种较少,便于批量生产;缺点是只有一种专用体系,极难适应扩展需求,为了满足多样性的需求形成了大量的专用体系,从而造成了部品构件的品种总量增加。不同构件间规格虽然近似,但不能通用,造成每一个专用体系的工程总量缩减,不利于部品构件的大规模生产。

通用体系与专用体系不同之处在于,只定型构件规格而不定型住宅规格,即将定型的构件优化组合成不同的部品后,不同的部品再组合成不同类型的住宅。构件之间的节点统一、便于互换,扩大了构件的使用量。通用体系既尊重了标准化,又体现了多样性。构件的产品规格虽然较多,但每种类型的构件在需要时可以随时方便调用,有利于工业化生产。

为了提高工业化住宅设计的效率和标准化程度,应率先建立工业化住宅通用体系,而归根结底是部品通用体系的建立[27]。部品通用体系的建立,有利于构件的通用化,因此,从国家层面,应该编制统一的工业化住宅构件目录,提高构件的通用性,以克服构件规格品质繁冗不匹配,住宅又要多样化的矛盾。建立工业化住宅部品通用体系,应重视以下几个环节:统一构件参数、构件定型、构件的节点定型、构件的容差标准和统一的工业化住宅构件目录。

2. 通用性原则的实现——部品接口技术

通用性原则的实现需要两个必要条件:第一是部品构件的大规模生产,第二则涉及部品接口技术。在工业化住宅构件标准化、多样化、定型化的基础上,不同的工业化住宅部品之间、部品与辅材之间、部品与结构体系之间均要运用部品接口技术。工业化住宅的部品模块化集成过程以及部品集成为住宅的过程是一个系统优化的环节,会产生较多的接口。在这种集成过程中,接口的规格和衔接至关重要,决定了部品是否能有效的通用化。

(1) 部品接口的定义与要求

接口是指可以在系统不同部分之间传递功能的共享接口。通过接口,工业化住宅部品之间可以实现功能传递与各种组合。通过规则设定,同一类或不同功能类型的工业化住宅部品可以通过部品接口技术进行模块化集成,不同部品之间的物理性能交换和信息交换均是通过部品接口对接实现的。因此,工业化住宅部品的接口可以分为软硬接口两种类型:硬接口是指物理性能接口,即结构部品、设备部品等之间的物理形态连接接口,主要涉及接口的尺寸规格和物理连接方式;软接口是指信息连接和交换的接口,能实现构件 BIM 信息的有效传递。

部品接口还应做到以下三点要求:①接口连接具备可逆性,方便部品的拆型与维修;②部品接口的规格、容差和尺寸要统一且互相匹配;③部品接口应该做到标准化。

(2) 部品接口的标准化要求

部品接口应做到标准化且应尽量简单实用[28]。部品的标准化途径之一可以通过在部品连接部位设置通用性预埋件实现。在工业化住宅部品的不同部位预先安装预埋件,预埋件的接口应该做到标准化,既可以满足连接功能的要求,又可以实现部品构件的替换。另一个部品的标准化途径是预留标准化的连接洞口,通过标准化的连接件进行连接。预留的洞口有助于增加新的部品功能模块,在标准化的基础上实现部品的可扩展性。

因此,部品接口的标准化有以下四个优点[29]:① 有利于扩大不同部品间的通用性;② 有助于部品的快速组装与集成;③ 提高部品的可选择性和方案更改的灵活性;④ 满足工业化住宅全生命周期的部品更新替换。

(3) 工业化住宅部品的接口方式

工业化住宅部品有两种接口方式:直接型和间接型。工业化住宅不同部品之间通过直接型接口,可以直接连接,从而实现物理性能和信息交换的有效对接。间接型接口则需要"过渡单元"的帮助,利用这种中间过渡设备或构件,实现不同部品之间的连接。图 7-14 表示的是工业化住宅的直接型接口和间接型接口的接口原型。

3. 系列化原则的基础——系列化的分类

具有同种功能、近似工艺和不同规格的一大类工业化住宅部品,经过系统性的整理,能够形成系列化的部品体系。同一系列的部品具有相同的和规律变化的参数信息。对标准化的工业化住宅部品进行系列化梳理,有助于实现部品的多样性[30]。

工业化住宅部品可以划分为两个系列:纵向系列和横向系列。

(1) 纵向系列

纵向系列是指具备同一类功能的部品,经过参数的调整,形成一系列不同规格的部品产品。以遮阳部品为例,在保持部品的核心技术和材料不变的前提下,通过变换部品的轴线尺寸,可以生成多种规格的遮阳部品。纵向系列的生成前提是部品需遵循模数协调体系和模块化原则。纵向系列的部品既有利于大规模生产,也适应工业化住宅不同部位的变化与微调。

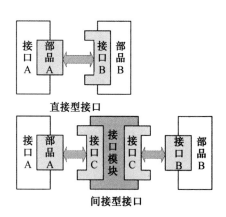

图 7-14 工业化住宅部品接口的两种原型
图片来源:作者自绘

（2）横向系列

横向系列是指不同功能的部品之间相互组合生成的系列化产品。不同功能和部位的部品集成组合，能够生成新的特性。还以遮阳部品为例，其与雨篷部品集成时，可以生成新的遮阳雨篷系列；当其与 PV（太阳能光伏面板）部品集成时，可以生成全新的遮阳 PV 部品。由此可见，横向系列的运用，有助于衍生新的部品与产品。

4. 系列化原则的实现——BIM 标准构件的系列化

部品系列化的前提是构件的系列化，只有实现了 BIM 构件的系列化，才能够实现工业化住宅部品的系列化。BIM 构件的系列化依赖于 BIM 标准构件的系列化，即通过对同一类工业化住宅构件规律性的分析研究，进行合理的基础建模，可根据模型主要参数的驱动，自动生成该类构件各类型尺寸的模型，并将其类型名称、编码、主要尺寸参数、关键属性等从模型中剥离形成系列化构建模型的过程。其实现方法主要分为以下三项内容：

（1）确定 BIM 标准构件的基本参数。标准构件的基本参数是其基本性能或基本技术特性的标志，是选择或确定标准构件功能范围、规格、尺寸的基本依据。标准构件基本参数系列化是标准构件系列化的首先环节，是进行系列化设计的基础。对于一类 BIM 标准构件，一般可选择一个或几个基本参数，并确定其上下限。

（2）建立 BIM 标准构件的参数系列表。先基于 BIM 标准构件的基本参数，形成该类构件的参数系列，之后增加其他所需的属性（如类型名称、编码、关键属性等）。

（3）完成 BIM 标准构件的参数化建模。应基于基本参数，并充分考虑到尺寸系列变化可能对模型产生的影响，通过公式的方式描述其他几何参数，逐步完成构件模型的建模。之后应对参数系列中的各项逐一生成模型，检查模型造型是否正确。

三、信息标准化原则

1. 信息标准化的基本要求

若要实现对工业化住宅部品 BIM 模型资源的有效利用，必须对这些 BIM 模型资源建立集中的 BIM 资源库，并进行统一的、规范化的管理及维护。建立好部品 BIM 模型库，一方面可以提高设计效率，避免不同设计者的重复劳动，缩短设计周期；另一方面也可以提高设计的标准化程度，提高部品和构件的管理和采购效率，提高设计质量，减少错误发生率。

工业化住宅部品和构件的分类和检索机制，是 BIM 模型库标准化建设的基础。有效的部品构件检索机制能够减少部品构件的查找时间，而部品构件的合理表示和分类正是实现高效方便检索的基础。这一部分的标准化建设，是信息标准化原则实现的最重要环节。

纳入工业化住宅部品 BIM 模型库的对象，一般应由相对成熟、固定的专门的部门或人员负责创建和维护，设计人员能检索、查阅后直接调用。如果 BIM 模型库的信息标准与管理出现问题，设计人员调用了不正确或过期的 BIM 模型，将会产生大量的设计错误。因此，必须认识到，对 BIM 模型库的信息管理，也是一项非常重要的工作。

2. 部品构件信息分类及编码

部品构件资源标准化,是 BIM 模型库建设的前提,它涉及部品构件的产生、获取、处理、存储、传输和使用等多个环节,贯穿于工业化住宅设计单位生产、经营和管理的全过程。部品构件资源标准化的核心工作就是部品构件资源的信息分类和编码。

随着工业化住宅项目实践,设计单位积累起大量的部品构件资源,这些部品构件的检索、复用和管理就显得异常重要,其基础工作之一就是做好它们的分类和编码。

(1) 信息分类和编码的目的和意义

信息分类是根据信息内容的属性或特征,将信息按照一定的原则和方法进行区分和归类,并建立起一定的分类系统和排列顺序,以便管理和使用。划分的结果称为分类项,或称为类目。信息分类是否科学合理直接关系到信息处理、检索和重用的自动化水平和效率。

信息编码是在信息分类的基础上,将信息对象赋予一定规律性的、易于计算机和人识别与处理的符号,形成信息代码。信息代码是否规范影响和决定了信息交流与共享的性能,是计算机信息处理的基本条件之一。

工业化住宅部品 BIM 模型库是对工业化住宅领域的各种信息进行系统化、标准化、规范化的组织,为建设项目的各个参与方提供信息交流的一致语言,为工业化住宅信息的管理和数据的积累利用提供统一的框架,是工业化住宅协同设计的基础。

(2) 信息分类方法

信息分类的基本方法有两种:线分法和面分法[31]。这两种方法可以单独使用,也可组合使用。

① 线分法

传统的建筑信息分类体系以线分法为主。它根据选定的若干属性或特征将分类对象逐次地分为若干层级,按照从大到小的层次关系来组织类目。使用这种方法分类的结果通常是一个被组织成树状结构的类目体系。同层次类目间是独立、并列的关系,不存在交集。父类目和子类目之间是包含和被包含的关系。

线分法的优缺点:层次性好,类目间的关系清晰、明确,比较符合人的直观想象,容易理解,使用难度低。但结构弹性差,一旦类目结构需要修改,整个类目体系可能都会变动,维护需要花费的工作量大,不能满足从多角度分类对象的需求。使用这种分类方法组织的分类体系描述对象的能力弱。

② 面分法

现代的建筑信息分类体系以 ISO 标准为框架,通常采用面分法。它是根据要被分类的对象的若干属性或特征,从若干个"刻面"(事物某个方面的属性特征)去分类,分类对象在这些刻面上分别被组织成一个结构化的类目体系。不同面上的类目体系彼此独立。

如表 7-1 所示,其中工业化建筑可以根据功能、层数、结构体系分为三张表。而一个 PC 结构体系的多层工业化住宅可以根据三张表中的编码组合表示为"A0102;B02;C03"。

面分法的优缺点:高度的可扩展性,新的事物可以很容易地加入到体系中,多个表可以联合在一起,更全面地描述对象的信息,方便在计算机中组织和检索信息,可以就用户关注的方面来组织信息。但与线分法相比,面分法比较复杂,不容易理解和掌握。分类结构的组织需要更多的考虑和规划,对分类的管理人员专业能力的要求比较高。

随着信息的容量增大,面分法是比线分法更适宜的分类方法,在实际使用中,针对复杂的系统,面分法表现得比线分法更有优势。国际上 ISO 12006—2、OminiClass、UniClass 等标准都采用了面分法的思想。

表 7-1 面分法示例

分类表	表 A(功能)	表 B(层数)	表 C(结构体系)
分类内容	01 工业化民用建筑 　　0101 工业化商业建筑 　　0102 工业化住宅建筑 　　0103 工业化办公建筑 02 工业化工业建筑	01 单层建筑 02 多层建筑 03 高层建筑	01 钢结构 02 SI 体系 03 PC 体系
应用示例	一个 PC 结构体系的多层工业化住宅可以表示为"A0102:B02:C03"		
备注	本表中的编码只是为示例而做的编码,":"是组配号		

工业化住宅部品 BIM 模型库的资源分类体系也应采用面分法为主,同时在每个刻面内采用线分法。这种分类方法一方面能够适应工业化住宅部品复杂多样的特点,另一方面又能够充分继承已有的各种传统分类的成果。面分类体系中的各个分类表既可以单独使用,也可以联合使用,用于表达不同复杂程度的信息。

③ 信息分类原则

系统:系统地分析相关的部品构件 BIM 模型资源,多专业综合考虑。

兼容:在分类方法和分类相的设置上,应尽量向有关的国家级、行业级分类标准靠拢。

可扩展:考虑到部品构件 BIM 模型资源会随着时间的推移、业务的发展而不断扩展,因此分类体系应具有充分的可扩展性。

稳定:通常要选择部品构件 BIM 模型最稳定的本质属性和特征作为分类的基础和依据。

④ 信息编码原则

唯一:一个代码只能唯一地标识一个分类对象。

扩充:必须留有备用代码,允许新数据的加入。

简明:代码结构应尽量简短明确,占有最少的字符量,以便节省机器存储空间。

合理:代码结构应与分类系统相适应。

适用:代码应尽可能反映编码对象的特点,适用于不同的相关应用领域,支持系统集成。

完整:所设计的代码必须是完整的,不足位数要进行补位。

不可重用:编码对象发生变动时,其代码要保留,但不得再分配给其他编码对象使用。

可操作:代码应尽可能方便操作员的工作,减少机器处理时间。

(3) 工业化住宅部品 BIM 模型的信息分类和编码

根据上述信息分类和编码原则,对工业化住宅部品 BIM 模型资源进行信息分类和编码如下:

① 部品分类

部品分类按功能和属性特征分为两类：

功能分类按照住建部住宅产业化促进中心给出的标准，共分为七个体系[32]：结构部品体系、外围护部品体系、内装部品体系、厨卫部品体系、设备部品体系、智能化部品体系、小区配套部品体系。每一个部品体系按照具体功能，再按照线分法划分为若干小类，见表7-2。

表7-2　部品功能分类

功能分类表	表A（功能）
分类内容	J 结构部品体系 　　01　支撑结构 　　02　楼板 　　03　楼梯 W 外围护部品体系 　　01　外墙围护 　　02　地面 　　03　屋面 　　04　门、窗 　　05　保温隔热 　　06　防水 　　07　外墙装饰 N 内装部品体系 　　01　分隔墙 　　02　内门 　　03　装饰部件 　　04　户内楼梯 　　05　壁柜 C 厨卫部品体系 　　01　卫生间 　　02　厨房 　　03　换气风道 S 设备部品体系 　　01　暖通和空调系统 　　02　给水排水设备系统 　　03　电气与照明系统 　　04　燃气设备系统 　　05　消防系统 　　06　电梯系统 　　07　新能源系统 　　08　管道系统 Z 智能化部品体系 　　01　物业管理与服务 　　02　安全防范系统 　　03　信息网络与布线系统 　　04　家庭智能终端 F 小区配套部品体系 　　01　室外设施 　　02　停车设备 　　03　园林绿化 　　04　垃圾贮置

属性特征分类由几何信息属性特征、通用非几何信息属性特征、专属信息属性特征等三个部分组成（详见表7-3）。几何信息属性特征主要包括部品构件的尺寸和定位信息。通用非几何信息属性特征主要包括：关键参数、性能、规格；部品构件的连接及安装方式；材质信息等。专属信息

属性特征主要包括:制造商信息、供应商信息、材料价格信息、运维阶段所需相关信息等。

表 7-3　部品构件属性特征分类

属性特征分类	分类内容
几何信息属性特征	A 部品构件的尺寸 B 部品构件的定位信息
通用非几何信息属性特征	A 关键参数 B 性能 C 规格 D 部品构件的连接方式 E 部品构件的安装方式
专属信息属性特征	A 制造商信息 B 供应商信息 C 材料价格信息 D 运维阶段所需相关信息

② 部品构件编码规则

部品构件的编码规则采用的是功能分类码+属性特征码构成[33]。

功能分类遵循分部—分项—子分项—细项四级分类体系。分成四类体系主要是为了考虑 BIM 模型库的功能扩展,因此,在表 7-2(部品功能分类)的基础上,在具体执行的时候,还可以再划分出两个体系。分类编码的原则约定如下:

A. 每个功能分类的分类编码长度均为 7 位定长码,第一位表示部品分部的分类码,第二、第三位表示分项的分类码,第四第五位、第六第七位分别为三、四级用于功能扩展部分的分类码,均用两位阿拉伯数字表示;

B. 没有后面两级分项内容的以 00 补齐。

属性特征码由属性项码+属性值码构成。部品构件三个维度(几何信息、通用非几何信息、专属信息)属性特征码间用分号(;)隔开。

经过对部品分类以及编码后,就可以形成一个构件完整的信息。以某个整体卫浴部品为例,其安装位置为首层,规格为 1300 mm×2600 mm×2260 mm;设备供应商为某整体卫浴设备有限公司。其功能分类编码应为 C01xxxx(C 厨卫部品体系,01 卫生间,xxxx 功能扩展部分分类码),几何信息属性特征码为 A130026002260Bxxx(A 几何尺寸 1300 mm×2600 mm×2260 mm,Bxxx 为定位信息),通用非几何信息属性码为 AxxxBxxxCxxxDxxxExxx(Axxx 为关键参数,Bxxx 为性能,Cxxx 为规格,Dxxx 为部品构件的连接方式,Exxx 为部品构件的安装方式),专属信息属性特征码为 AxxxBxxxCxxxDxxx(Axxx 为制造商信息,Bxxx 为供应商信息,Cxxx 为材料价格信息,Dxxx 为运维阶段所需相关信息)。由于部品构件完整编码为功能分类码+属性特征码,因此,该整体卫浴部品在工业化住宅部品 BIM 模型库中的编码应为:C01xxxxA130026002260Bxxx;AxxxBxxxCxxxDxxxExxx;AxxxBxxxCxxxDxxx。

3. 部品构件模型存储规则与检索规则

(1) 模型存储规则

工业化住宅部品 BIM 模型存储通用格式除满足 IFC 文件格式外,还应支持主流 BIM 类软件的文件格式,同时还应包括对几何信息、通用非几何信息及专属信息的支持。

工业化住宅部品 BIM 模型的存储除考虑对不同 BIM 类软件平台的支持和兼容之外,同一部品构件模型还应满足对同一 BIM 软件不同版本的支持。

最后,模型的存储应遵循数据文件轻量化原则。

(2)模型检索规则

工业化住宅部品 BIM 模型应同时支持关键词、分类编码两种检索方式,部品构件模型中应包含并同时满足上述两种检索方式所需要的关键词信息、分类编码信息,或至少具备后期由使用者录入分类编码检索信息的预留空间。

第五节　工业化住宅部品 BIM 模型库的构建与管理流程

对于工业化住宅部品 BIM 模型库的建设,应遵循管理标准化的建设流程[34],一般包括如下四个步骤:总体方案规划、管理规范确立、系统平台搭建、模型数据导入。

一、总体方案规划

在建立 BIM 模型库之前,应首先进行总体方案的规划,包含以下四个方面:

(1)规划纳入 BIM 模型库管理的部品构件 BIM 模型的范围。应限定在具有良好可重用性的 BIM 模型,如标准模型、标准构件等。

(2)规划 BIM 模型库中 BIM 模型的分类、组织方式。对于模型库的组织层级不宜过多,一般可先拆分为构件模型库。

(3)规划 BIM 模型库所采用的管理方式。比较典型的一般有两种:一是基于操作系统提供的文档存储方式配合其自身的权限体系进行管理,这种方式投资少、实施简单、操作简捷,但不便于检索、管理及数据维护;二是采用专业的数据管理系统,这种方式更有利于数据的检索,能够达到资源较高的利用率,具有良好的管理能力及维护能力,但需要一定的投资,设计人员需要有一定的适应过程。

(4)规划相关人员角色的职责及权限。一般应考虑管理角色、系统维护角色、数据维护角色、使用角色等。

二、管理规范确立

BIM 模型库是工业化住宅设计企业、部品构件生产企业和开发企业的核心技术资源之一,对于 BIM 模型资源的管理应相对严格,应针对其涉及的各个环节均建立相关的标准规范,才能有效保证 BIM 模型库中 BIM 模型的准确性。重点应制定如下四个方面的标准规范:

(1)BIM 模型库管理规范。应包括 BIM 模型库数据组织及管理规范、权限控制规范、BIM 模型入库检查规范、BIM 模型入库—更新—过期处理操作规程等。

(2)BIM 模型库标准化整理规范。应包括 BIM 模型文件格式及版本规范要求、BIM 模型系列化整理规则、BIM 模型属性信息填写规则等。

（3）BIM 模型库的应用规范。

（4）BIM 模型库系统维护规范。

三、系统平台搭建

应根据 BIM 模型库的总体规划搭建系统平台，对于搭建的系统平台应重点保证以下几个方面的性能：

（1）大数据量的集中存储能力、良好的多用户并发运行效率。

（2）灵活的模型资源组织方式，可根据需要调整。

（3）能够支持对人员、角色的权限控制要求。

（4）良好的数据检索能力。

（5）方便的数据导入能力。

四、模型数据导入

模型数据导入工作应首先根据 BIM 模型标准化整理规范，对 BIM 模型进行标准化整理、审核，再由专门的部门或人员导入数据库。对于模型数据的导入一般有以下三种途径：

（1）通过工业化住宅项目执行中的资源积累，经过整理后入库。

（2）由专门的部门或人员创建并入库。

（3）通过外部引入的方式，将供应商、BIM 服务商等提供的 BIM 模型资源经整理后入库。

本章小结

本章研究首先对工业化住宅部品 BIM 模型库进行了系统分析。在对"部品"概念进行文献分析的基础上，明确了工业化住宅部品的概念，并总结出其具有标准化、工厂化、通用化、系列化和绿色化的特征。通过对工业化住宅部品发展现状的梳理，发现了其在当前存在的五大问题，即设计标准不统一、标准针对性不强、设计机制不灵活、通用化基础薄弱和施工设备较匮乏。而构建工业化住宅部品 BIM 模型库，有助于解决上述问题，还具备如降低成本、数据统计、部品深化、协同管理、便于检索等协同设计方面的优势，因此，构建工业化住宅部品 BIM 模型库是必要的。

研究其次指出，在工业化住宅部品 BIM 模型库建设过程前，应明确其构建原则，即模块信息化原则、通用系列化原则和信息标准化原则。对这三个原则的研究与梳理也是本章的研究重点。模块信息化原则是工业化住宅部品 BIM 模型库构建的技术规则，通用系列化原则是扩展规则，信息标准化原则代表着管理规则的细化与控制。在模块信息化原则的探讨中，研究明确了模块化原则的基础与目标以及信息化原则的基础与实现途径，并指出模块信息化原则的实现需要运用模块化集成的方法。在通用系列化原则的研究中，将其拆解为通用性原则和系列化原则分别讨论，并明确了通用性原则的基础与实现方法以及系列化原则的基础与实现途径。对信息标准化原则的研究成果主要体现在既建立了工业化住宅部品构件的信息分类和编码规则,又明确了工业化住宅部品构件模型的存储规则与检索规则。

研究最后还对工业化住宅部品 BIM 模型库的构建与管理流程进行了总结归纳,将其分为了四个主要步骤,分别是总体方案规划、管理规范确立、系统平台搭建和模型数据导入。通过本章的系统整合,研究初步建立了工业化住宅部品 BIM 模型库的构建原则与方法,能够为工业化住宅协同设计提供有效的实施指导。

注释

[1] 刘春梅. 建造视角下的建筑部品体系研究[D]. 北京:北京交通大学,2014.

[2] 高卫庆,苏振民,王群依. 产业化住宅部品体系的集成化探析[J]. 改革与战略,2008(10):175-177.

[3] 王颂. 大连成品住宅部品集成化策略研究[D]. 大连:大连理工大学,2012.

[4] 叶明. 我国住宅部品体系的建立与发展[J]. 住宅产业,2009(Z1):12-15.

[5] 建设部住宅产业化促进中心. 国家康居住宅示范工程住宅部品与产品选用指南[M]. 北京:中国水利水电出版社,2005.

[6] 建设部住宅产业化促进中心. 住宅部品与产品选用指南[M]. 北京:中国水利水电出版社,2006.

[7] 中华人民共和国国家质量监督检验检疫总局,中国国家标准化管理委员会. 中华人民共和国国家标准(GB/T 22633—2008):住宅部品术语[M]. 北京:中国标准出版社,2009.

[8] 刘云佳. 标准化设计是建筑工业化的前提——以北京郭公庄公租房为例[J]. 城市住宅,2015(05):12-14.

[9] 刘思. 工业化住宅产品的市场发展战略研究[D]. 武汉:武汉理工大学,2006.

[10] 杨尚平. 上海万科基于"工业化住宅"的核心能力战略研究[D]. 上海:复旦大学,2008.

[11] 水亚佑. 工业化住宅标准化与多样化的探讨[J]. 建筑学报,1983(04):48-51.

[12] 惠彦涛. 建筑部品绿色度分析评价技术研究[J]. 西安建筑科技大学学报(自然科学版),2007(04):524-528.

[13] 纪颖波. 建筑工业化发展研究[M]. 北京:中国建筑工业出版社,2011.

[14] 叶玲,郭树荣. 谈我国住宅产业化的必要性和实现途径[J]. 建筑经济,2004(11):74-76.

[15] 赵桦. 住宅部品在住宅建造中的应用前景研究[D]. 重庆:重庆交通大学,2012.

[16] 王茹,宋楠楠,张祥. 基于 CBIMS 框架的 BIM 标准实践与探究[J]. 施工技术,2015(18):44-48.

[17] 胡晓鹏. 模块化整合标准化:产业模块化研究[J]. 中国工业经济,2005(09):67-74.

[18] 周晓红. 模数协调与工业化住宅的整体化设计[J]. 住宅产业,2011(6):23-28.

[19] 周晓红,林琳,仲继寿,等. 现代建筑模数理论的发展与应用[J]. 建筑学报,2012(4):27-30.

[20] 刘长春. 基于 SI 体系的工业化住宅模数协调应用研究[J]. 建筑科学,2011,27(7):59-62.

[21] Autodesk Asia Pte Ltd 主编. Autodesk Revit2013 族达人速成[M]. 上海:同济大学出版社,2013.

[22] 黄亚斌,徐钦. Autodesk Revit 族详解[M]. 北京:中国水利水电出版社,2013.

[23] 张红,宋萍萍,杨震卿. Revit 在产业化住宅建筑中的应用研究[J]. 建筑技术,2015,46(3):232-234.

[24] 胡向磊,王琳. 工业化住宅中的模块技术应用[J]. 建筑科学,2012,28(9):75-78.

[25][26] 胡惠琴. 工业化住宅建造方式——《建筑生产的通用体系》编译[J]. 建筑学报,2012(4):37-43.

[27] 郭娟利. 整体卫生间的工业化产品设计方法研究——由太阳能十项全能竞赛引发的工业化产品设计思考[D]. 天津:天津大学,2010.

[28] 渠箴亮. 建筑设计标准化是建筑工业化的技术基础[J]. 建筑学报,1978(03):9-10.

[29] 高颖. 住宅产业化——住宅部品体系集成化技术及策略研究[D]. 上海:同济大学,2006.

[30] 巨选博. 产业化住宅部品在重庆市的应用研究[D]. 重庆:重庆交通大学,2013.

[31] 吴双月. 基于 BIM 的建筑部品信息分类及编码体系研究[D]. 北京:北京交通大学,2015.

[32] 建设部住宅产业化促进中心. 住宅部品与产品选用指南[M]. 北京:中国水利水电出版社,2006.

[33] 中国安装协会标准工作委员会. 建筑机电工程 BIM 构件库技术标准 CIAS11001:2015 [M]. 北京:中国建筑工业出版社,2015.

[34] 冯延力. 面向建筑工程设计的产品构件分析及构件库管理系统建设[C]//信息化推动工程建设工业化——第四届工程建设计算机应用创新论坛论文集,2013:480-484.

第八章 基于 BIM 和 IPD 的工业化住宅协同设计的系统整合

第一节 本章研究目的

当前,从项目的全生命周期来看,全球的建筑行业均面临着两大亟待解决的重要问题:① 不同阶段之间缺乏协同配合,造成各种浪费;② 重复性工作较多,增加项目成本。这两大问题主要是由"碎片"现象(Fragmentation)造成的,即:专业碎片、部门碎片、阶段碎片和信息碎片[1]。专业碎片是由专业的高度化分工造成的,不同部门之间缺乏沟通造成了部门碎片,项目的不同阶段则会产生阶段碎片,不同建筑软件之间的转换应用则导致了信息碎片的产生。"碎片"现象主要是由信息传递不通畅造成的,导致了建筑业生产效率的下降和项目成本的提高。

随着建筑业对 BIM 技术的重视与应用,BIM 技术可以解决信息传递不通畅的问题,进而消解部分"碎片"现象,但是建筑项目的不同阶段之间,由于项目参与主体的变更,仍然会存在着协同方面的匮乏。IPD 是从项目的全生命周期角度整合项目的不同参与方,弥补了传统项目运作模式的不足。因此,只有 BIM 技术和 IPD 模式相结合,才有可能真正解决信息在项目全生命周期的不丢失和有效性,将其理念和方法运用至工业化住宅的项目运作中,才会真正做到工业化住宅的协同设计。

综上,本章的研究目的是针对工业化住宅协同设计这个特定对象,对 BIM 技术与 IPD 模式进行结合的可能性进行探讨,进而提出基于 BIM 和 IPD 的工业化住宅协同设计的系统整合模式,以期解决工业化住宅全生命周期的协同设计问题,并将工业化住宅协同设计的关键要素整合在一起,形成一个完整的系统方法论。因此,本章既是对研究第四章的结论中关于"全生命周期的协同设计"这个关键要素的解答,也是对所有关键要素的整合研究。

第二节 本章的技术路线

本章的研究,将分为三个环节进行:IPD 的研究、BIM 与 IPD 的关系研究、工业化住宅协同设计系统整合模式。IPD 的研究旨在将其与传统项目交付模式进行对比，找出其在项目全生命周期的优势，为工业化住宅协同设计转变项目交付模式奠定理论基础；BIM 与 IPD 的关系研究是为了明确两者之间的结合点，进而确定 IPD 是否具备运用 BIM 技术的可能性，以及这种可能性会带来的有利点；工业化住宅协同设计系统整合模式的研究，是对工业化住宅协同设计的所有关键要素进行整合的可能性的探讨，并将前两个环节研究的答案运用到工业化住宅协同设计的研究，进行理论上的提升和总结。具体的技术路线分为如下三个阶段：

第一阶段：IPD 的研究

首先对 IPD 的概念进行引介与辨析，明确 IPD 模式的主要指导思想，其次将 IPD 与传统项目交付模式进行对比，找出它们之间的区别，并总结 IPD 在项目全生命周期的优势，为工业化住宅协同设计转变项目交付模式奠定理论基础。

第二阶段：BIM 与 IPD 的关系研究

通过对大量 IPD 相关文献的整理和分析，首先梳理出 IPD 的若干特征，再根据前几章的研究，将 BIM 技术的典型功能总结归纳，然后将 IPD 特征与 BIM 功能结合，构建出 BIM 功能与 IPD 特征的关系矩阵。该矩阵主要用于发掘 BIM 与 IPD 之间的相互关系，通过定型分析，归纳出 BIM 功能与 IPD 特征的若干个交互作用点，再对各个交互作用点的交互关系进行释义。最后在上述研究的基础上，探讨 BIM 技术与 IPD 协同应用的可能性以及其是否可以从根本上解决传统工业化住宅项目交付方式的弊端。

第三阶段：工业化住宅协同设计系统整合模式

这一部分是在对 BIM 与 IPD 的关系研究的系统分析和关系矩阵构建的基础上，探讨"BIM＋IPD"的协同模式介入工业化住宅项目运作，作为整合工业化住宅协同设计系统的工具，解决工业化住宅全生命周期的协同问题，最终构建"基于 BIM 和 IPD 的工业化住宅协同设计系统整合模式"，在工业化住宅协同设计的理论和方法上进行系统整合。

第三节 IPD 的概念

IPD(Integrated Project Delivery)在国内被称为项目整体交付，也有的研究将其称为项目集成交付。IPD 的概念起源于美国，但在这之前，运用其理念原型进行过实际工程项目的运作，如英国石油公司在 1990 年代末期(British Petroleum)运用 IPD 的理念在某石油钻井建设项目中获得了成功，之后该理念又在美国加州的一个医疗案例和澳大利亚的一个博物馆案例中得到充分展示并大获成功[2]。至此，建筑业开始对 IPD 重视，并逐渐形成了清晰的定义。

美国 AGC(The Associated General Contractors of America，美国项目承包商联盟)将项目整体交付定义为"以团队协作为项目基础，经过运用多方合同集成所有项目参与方，综合进行项目物料选购、危机/收益管理和补偿的一类全新模式的项目交付系统"[3]。

美国 CMAA（The Construction Management Association of

America,美国工程管理联盟)将项目整体交付定义为一个多方参与的合同,其应该能够在项目的全生命周期整合甲方、设计方、建造方、专业承包商及分包商等所有项目参与方,在他们之间达成多方共赢的协议[4]。

美国 AIA(The American Institute of Architects,美国建筑师协会)则在 2007 年发布的 IPD 指导手册(Integrated Project Delivery:A Guide,2007 version 1)中对 IPD 进行了全面的定义[5]。美国的两位研究学者在 2010 年的研究中,通过问卷调查结果的梳理,认为 AIA 的定义在建筑业内最被认可[6]。

根据 AIA 的定义,我们可以把 IPD 看作"一种将建筑工程项目中的所有参与者、管理体系和建造过程全部集成到一个流程中的项目交付方法。通过该流程的运用,项目的所有参与者的聪明才智将得到最大限度的发挥,并为业主节省造价、提高附加值,最终优化设计、生产和施工等各阶段的效率。"从实际操作来看,根据上述两位学者的研究,应用 IPD 模式的 2/3 的工程项目确实节约了成本、缩短了项目工期,并实现了信息共享。AIA 的 IPD 指导手册还明确了项目整体交付的 9 个原则,分别是:共同尊重与信任、共担风险与收益、协作创新与项目决策、关键参与者的早期介入、明确早期目标、集约化规划、信息共享、运用适宜技术和组织与领导原则。这基本上囊括了 IPD 模式的所有指导原则。

虽然建筑业对 IPD 的定义略有不同,综合来看,IPD 模式的主要指导思想还是一致的——强调团队协作和项目初期各参与方及早介入。这与协同设计的思想是非常吻合的,因此,IPD 模式非常适合工业化住宅协同设计的管理。在 AIA 的 IPD 指导手册里,要求所有参与者(甲方、设计公司、承包商、分包商、咨询顾问等)在项目一开始时就应该全部介入,通过协同机制组合成相互信任的项目团队。团队强调信息共享和透明的工作流程,团队成员之间需要相互信任,共同承担项目风险并共享项目收益。因此,项目各参与方均会从项目整体角度做出专业判断和决策,而非传统项目模式中只追求个体利益最大化。

第四节　IPD 与传统项目交付模式的区别

一、项目交付模式的发展历程

建筑工程项目交付模式的发展,主要经历了 6 种模式的变迁[7]:DDB 模式(Design-Bid-Building,设计—招标—建造)、CM 模式(Construction Management,建设管理)、DB 模式(Design-Building,设计—建造)、PP 模式(Project Partnering,项目合作)、PMC 模式(Project Management Consultant,项目管理承包)和 IPD 模式(Integrated Project Delivery,项目整体交付)。

6 种项目管理模式的区别详见表 8-1。通过对 6 种发展模式的比较可以看出,每一种模式均是在前一种模式的基础上,进行优化升级得来的。因此,随着时间的推移,IPD 模式应该是当前最优化的项目管理模式。

表 8-1　建筑工程项目管理模式的发展

模式	起源时间	特点			
		流程	合同	优势	缺陷
DDB模式	1940s	强调线性顺序，即设计—招标—建造依次进行，不能跨阶段进行，每个环节之间没有交叉	两方合同（业主与设计方的合同、业主与建造方的合同）	项目三方（业主、设计方、建造方）权、责、利明晰，避免行政部门干扰	协同效率低，工程项目的不同阶段缺乏有效衔接，运营成本较高，工期较长
CM模式	1960s	建设经理在项目初期就完全介入，管理权限大	阶段发包（每完成一部分工程设计就进行招标，业主与承包商签订合同）	建设经理介入早，施工经验足，设计变更少；工期较短	总承包费较高
DB模式	1990s	项目初期业主招标，承包商提出设计和成本概算，促进设计与施工早期结合	单一合同（业主和单一实体签订总承包合同，单一实体负责设计和施工）	效率高、责任明确、分歧少	总承包商风险大，招评标复杂
PP模式	1990s	各参与方组成利益共同体，项目初期介入，建立共同的目标和信任关系	合伙协议（工程项目所有参与方共同签署，包括业主、总承包商、分包商、设计、咨询单位等）	信息开放、降低诉讼概率、提高承包商利润	总承包费较高
PMC模式	1990s	业主聘请一家公司（一般为具备相当实力的工程公司或咨询公司）代表业主进行整个项目过程的管理	三种模式：业主自行选择设计施工单位，委托PMC管理；业主自行选择设计施工单位，与PMC承包商签订管理合同；业主与PMC承包商签订总包合同	统一协调和管理项目的设计与施工，减少矛盾	业主参与工程的程度低，变更权利有限；业主方存在是否能选择到高水平项目管理公司的风险
IPD模式	2000s	项目各参与方通过协同机制组合成相互信任的项目团队，全生命周期参与	关系型合同（开创了整体合作体系，为项目全生命周期的参与方的协作创造条件）	全程协同、整体最优	项目初期工作量大

二、IPD与传统项目交付模式的对比

从上文可以看出,传统的项目交付模式存在着较多弊端:

(1)项目集成度差——项目不同运作阶段之间缺乏衔接,设计与施工环节脱节。

(2)项目参与者之间的关系松散——甲方、设计公司、承包商、分包商们之间关系不密切,未形成团队。

(3)项目参与者之间缺乏信任,追求个体利益最大化而非整体利益最大化。

(4)企业间缺乏信息共享,甚至隐藏进度计划和行为,如承包商私自调整进度计划和调整替换建筑材料等。

(5)协同决策水平低下,项目往往局部最优化而非整体最优化。

上述的许多弊端,往往是在项目临近结束时才发现,带来了返工等降低项目运作效率的现象[8]。IPD的交付模式则要求所有参与方在项目初期就全部介入,做到了项目全生命周期的协同,是对传统项目交付模式的升级[9],如图8-1所示。

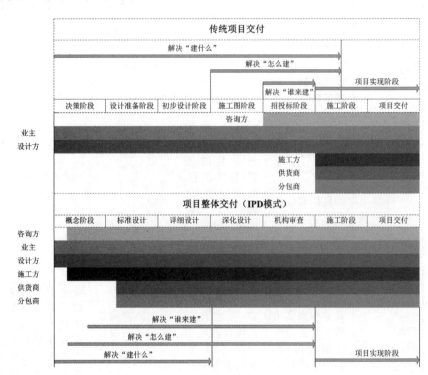

图8-1 IPD与传统项目交付模式的对比
图片来源:作者自绘

第五节 IPD的特征

通过对大量的IPD相关文献进行整理和分析,研究梳理出IPD的九大特征(表8-2)如下:

表 8-2　IPD 的特征

序号	IPD 的基本特征	主要文献来源（具体文献见本章后）
1	协作化流程	AIA，2007；Asmar，et al.，2013；徐奇升，等，2012；徐芬，等，2015；马智亮和马健坤，2014
2	专业集成度高	AGC，2010；CMAA，2010；包剑剑，等，2013；李明洋，等，2014；彭晓和杨青，2014
3	协作伙伴关系	AIA，2007；El-adaway，2010；徐奇升，等，2012；张琳和侯延香，2012
4	信息共享	AIA，2007；Azhar，et al.，2015；Solnosky，et al.，2014；郭俊礼，等，2012；包剑剑，等，2013；马智亮和马健坤，2011
5	重视价值决策	AIA，2007；Kent & Burcin，2010；徐韫玺，等，2011；杨一帆和杜静，2015
6	优化项目物流	AGC，2010；Monteiro，et al.，2014；徐韫玺，等，2011；金少军和杨青，2014
7	合理控制成本	CMAA，2010；吴学伟，等，2014；魏晓宇和吴忠福，2015；姬中凯，等，2014
8	完善交付文档	CMAA，2010；滕佳颖，等，2013；金少军和杨青，2014；陈茜，等，2014
9	植入新技术	AIA，2007；Azhar，et al.，2015；Solnosky，et al.，2014；郭俊礼，等，2012；包剑剑，等，2013；徐奇升，等，2012；马智亮和马健坤，2011；滕佳颖，等，2013

（1）协作化流程：IPD 要求所有利益相关方从项目初期就介入，因此项目交付流程是高度协作化的，基本上涵盖了从概念阶段、设计阶段、施工阶段到项目交付的全过程。这种协作化的流程，既为所有项目参与者提供了协作的基础，也为基于信息化技术的协作提供了结合点。另外，工作流程的转变，也符合风险共担、利益共享的目的。

（2）专业集成度高：IPD 项目初期就需要集成大量高水平专业化人士（咨询、设计、施工、管理等），因此，专业化集成度较高，有利于专业间的协同。

（3）协作伙伴关系：IPD 项目各参与方利益共享、风险共担，有利于培养相互信任的协作伙伴关系。

（4）信息共享：项目所有参与方之间实现了信息共享。传统项目交付模式最大的弊端就是各利益相关方之间的信息沟通不畅，导致了项目全生命周期中充斥着各种的项目不可预见性。IPD 以各方共同利益为目的，利用信息化技术，可以实现信息共享，为信息的有效传递提供了基础，降低了项目的不可预见性。

（5）重视价值决策：在 IPD 项目中，由于项目的所有参与者可以方便地沟通，项目的大部分重要决策都是由核心利益相关方共同做出的。决策判断依据的标准取决于是否符合项目价值，而非参与方的角色和地位。这避免了项目决策的随意性和任意性。

（6）优化项目物流：材料供应商初期介入，有利于优化项目物料的采购。在 IPD 中，施工环节的考虑与安排前置，运用数字化技术模拟，便于优化施工环节的物流安排与组织，降低了停工待料的现象，可以提高施工效率。

（7）合理控制成本：设计方与承包商、分包商和材料商在项目初期就可以共同商讨材料的使用，有利于合理地控制项目成本，减少不必要的浪费。协作化的项目流程，也有利于提前消解项目中的冲突，提高项目设计、生产、施工精细化程度，降低错误的发生概率，从而合理地降低了项目成本。

（8）完善交付文档：施工文档涵盖的范围广泛且专业化程度较高，可以在项目完成时，给项目的使用方提供非常完善的施工文档，有利于项目运营管理环节的信息化，也为项目的全生命周期管理提供了记录。

（9）植入新技术：IPD 流程在项目初期就可以分析出项目发展会面临的问题，许多问题是传统交付模式可能遇不到的，需要运用新的技术手段和措施解决上述问题。因此，新技术的植入，必须在项目的初始阶段就充分考虑。这种流程的优化便于新技术的植入，而且新技术的运用是 IPD 能否合理实现的基础。

第六节 BIM 功能与 IPD 特征的关系矩阵

BIM 可以解决工业化住宅协同设计的技术问题，IPD 可以解决工业化住宅协同设计的项目管理问题，两者若能协同应用于工业化住宅的协同设计实践中，比单独运用一种技术和管理模式的效率更高，价值更大。因此，探讨 BIM 与 IPD 之间的交互关系显得极为重要。

一、关系矩阵的构建

根据前几章的研究，将 BIM 技术的典型功能列出（此处共提炼其中重要的 10 项：可视化、数据信息化、自动更新、冲突检测、图纸文档自动生成、并行设计、成本估算、项目进度编制、施工模拟、运营管理信息化），结合上文所述的通过对 IPD 相关文献梳理出的 IPD 的九大特征，能够构建出 BIM 功能与 IPD 特征的关系矩阵（表 8-3）。该矩阵主要用于发掘 BIM 与 IPD 之间的相互关系，在本书第五～七章对 BIM 功能的研究以及本章对 IPD 概念及特征梳理的基础上，首先通过定型分析，归纳出 BIM 功能与 IPD 特征的 15 个交互作用点，见表 8-3。然后，为了进一步的释义，用阿拉伯数字对各个交互作用点进行编号。最后，再对各个交互作用点的交互关系进行释义。

表 8-3 BIM 功能与 IPD 特征的关系矩阵

BIM 技术的典型功能	IPD 特征								
	协作化流程 A	专业集成度高 B	协作伙伴关系 C	信息共享 D	重视价值决策 E	优化项目物流 F	合理控制成本 G	完善交付文档 H	植入新技术 I
可视化 a	1		1						
数据信息化 b				2					
自动更新 c	3			2		3			
冲突检测 d		4				4	4		5
图纸文档自动生成 e	1							6	

BIM技术的典型功能	IPD特征								
	协作化流程 A	专业集成度高 B	协作伙伴关系 C	信息共享 D	重视价值决策 E	优化项目物流 F	合理控制成本 G	完善交付文档 H	植入新技术 I
并行设计 f	1	1,7	7	2,8			9		
成本估算 g					9		9		
项目进度编制 h						10	10		
施工模拟 i	1					11	11		12
运营管理信息化 j	13			2,13			14	15	

二、交互关系的释义

本节将对表 8-3 中的 15 个交互作用点进行分项分析,目的在于寻找 BIM 技术在 IPD 中运用的环节以及结合点,为下一环节的研究奠定理论与技术基础。

关系 1:IPD 的最大特征就是在建设项目全生命周期建立了协作化流程,有助于不同的项目参与者建立协作伙伴关系。BIM 技术的几个主要特点,恰好适用于 IPD 的该特征:通过 3D 模型,具备可视化的特点,有助于不同的项目参与者同时对项目进行指导和建议;BIM 技术也具备图档自动生成的特点,会减少不必要的出图环节,优化了项目流程;运用 BIM 技术,不同专业的设计人员可以实现并行设计,在流程上也做到了协同;另外,在 BIM 软件里进行施工模拟,可以减少施工环节的错漏等现象,也为协作化流程做出了贡献。

关系 2:IPD 特别强调信息共享,而信息共享也是 BIM 技术实现的基础。将所有项目数据信息化,可以实现"一处更新、处处更新"的便捷修改,不同专业的设计人员不必再分别调整专业图纸,也实现了并行设计。项目交付前的 BIM 应用还可以为运营管理的信息化提供数据基础,实现 FM(Facility Management)的高效管理。

关系 3:BIM 技术的自动更新功能,运用到 IPD 中,可以实现设计环节、施工环节、管理环节的流程优化;不同专业的设计人员免去了图纸修改的繁琐,实现了设计协同;施工环节的物料清单也可以实时更新,储备也可以实现零库存。

关系 4:运用 BIM 软件进行冲突检测与冲突消解,需要先将各专业 BIM 模型进行整合,然后运用软件进行冲突检测,根据冲突检测结果,各专业再对各自的模型进行修正。冲突检测做到了 IPD 要求的集成各专业的模型,也提前消解了后续工作中的错误,避免了设计返工,降低了设计成本,对物流环节的合理优化也有帮助,与 IPD 的特征非常吻合。

关系 5:使用 BIM 技术可以降低绝大多数预算外变更和造价,而消除变更与返工的主要工具就是 BIM 的冲突检测软件,这与传统人工核对图纸错误的差别较大,因此,需要在 IPD 环节植入新技术。当前,市面上的冲突检测软件较多,需要在选择运用时因时制宜。

关系 6:BIM 技术实现了图纸文档自动生成,对 IPD 中的项目交付环节具有重要意义,既完善了交付的文档,也避免了传统项目交付中不同设计专业之间繁琐的图纸协调工作,减少了出图错误,保证了图纸和文档的精度。

关系7:BIM作为工业化住宅协同设计的技术支撑工具与平台,可以集成各个专业的设计人员,使专业间的协同成为可能。将不同专业间的模型进行关联,可以实现模型的自动更新;运用冲突检测软件如 Luban BIM Works、Autodesk Navisworks 和 Solibri Model Checker 等,可以避免不同专业图纸的碰撞冲突。上述技术均是并行设计思想的体现,符合IPD的专业集成度的要求,也有助于在不同专业成员间构建协作伙伴关系。

关系8:BIM技术众多功能的实现依赖于信息共享。设计、生产、施工企业共同构建工业化住宅部品BIM模型库的目的,就是为了充分实现工业化住宅部品构件的共享。另外,基于BIM的数据处理平台可以实时接收设计、物流、施工数据的上传,有利于信息的及时处理与共享。从上述两点可以看出,并行设计的指导原则与IPD的信息共享特征结合得较为紧密。

关系9:BIM模型实时更新后,上传至工业化住宅协同设计的BIM平台,可以实现基于BIM模型的项目参与方的即时沟通,降低了因沟通不畅造成的错误的发生概率,缩短了项目周期,从而实现了降低成本的可能性。这种为并行设计搭建的共享技术可以实现IPD中合理控制成本的要求。

关系10:传统的项目进度编制都是手工操作,较为复杂,错误率较高,调整不灵活,局限较大。基于BIM的项目进度编制可以实现任务与工作的自动分配,计划变更调整也都是自动生成的,可以有效地优化项目的物流、施工等环节,也有利于成本的控制。

关系11:运用BIM技术,可以便捷地实现施工模拟。场地模型结合BIM建立的4D施工模型与施工计划,通过实时追踪施工进度,比较初始计划和实际数据,得出施工进展偏差,还可以及时更新施工场地上的部品构件的堆放情况,以得到最优的资源利用规划,消解资源冲突对施工进度和质量的影响。因此,基于BIM的施工环节的模拟,既可以优化IPD中的项目物流环节,也可以有效地降低成本。

关系12:施工现场的模拟需要借助于GIS技术提供的数据,才能够对施工场地条件和空间条件进行BIM建模;施工过程中的物料使用及剩余情况也需要基于RFID技术的现场施工管理系统与部品构件生产管理系统来调控。因此,仅利用BIM技术是无法完全实现施工模拟的,必须植入新技术,譬如结合GIS技术与RFID技术进行提前规划,才能实现资源的有效调度与配置。

关系13:IPD要求在项目初期,所有参与者就必须加入到团队中,其中也包括项目交付后的运营管理者。所有人员的及早介入,有助于对设计和施工细节的充分探讨,也能够从使用者和运营管理者的角度进行考虑,避免了运营管理环节的不便之处。因此,BIM技术也应该在IPD的初始环节就介入,这有利于实现信息共享。

关系14:利用BIM技术提供的项目交付信息,运营管理者可以直接实现建筑物所有细节的可视化,还可以为业主提供分类信息清单,节省了对建筑物管理信息的录入时间,降低了运营环节的成本。

关系 15：对项目进行建筑性能模拟、冲突检测、施工模拟，均是为了在项目交付时，提高建筑物的性能，保证交付时的质量，其根本目的还是为了实现建筑物全生命周期的节能生态。要想达到上述标准，就必须在项目交付时，也实现运营管理的信息化，而其实现则依赖于 BIM 技术在 IPD 的初期介入。

第七节　基于 BIM 和 IPD 的工业化住宅协同设计系统整合模式

从表 8-3 中和交互关系释义中可以看出，BIM 技术对 IPD 的协作化流程、信息共享、成本控制方面的帮助较大。同时，BIM 典型功能里的冲突检测、并行设计、施工模拟等技术与 IPD 特征的交互点较多，说明在应用 IPD 模式时，应重点运用上述功能来辅助项目实践。

综上所述，BIM 为项目的 IPD 提供了一个全生命周期的技术平台，可以较好地支持 IPD 模式的实现。另外，还可以看出，项目交付模式若采用 IPD，也为 BIM 的技术运用提供了良好的外部环境。因此，BIM 技术若能够与 IPD 协同应用，可以从根本上解决传统工业化住宅项目交付方式的弊端。

另外，本书第四章的结论中得出的影响工业化住宅协同设计的最重要的五个关键要素（协同设计的技术支撑工具与平台 KF_1、设计目标冲突的消解方法 KF_{11}、工业化住宅部品 BIM 模型库 KF_{12}、全生命周期的协同设计 KF_9、面向协同设计的专业软件 KF_{10}）中，运用 BIM 技术介入工业化住宅协同设计，可以解决 KF_1、KF_{11}、KF_{12}、KF_{10} 存在的问题，而 KF_9（全生命周期的协同设计）的目标与 IPD 模式的原则和特征不谋而合。BIM＋IPD 的协同模式能够在工业化住宅协同设计的初期阶段，就集成所有的有利资源，使各参与方的目标和利益趋于一致，还可以使工业化住宅项目的各个环节的信息共享更为通畅，有利于工业化住宅全生命周期的协同设计。最重要的是，这种模式还可以将工业化住宅协同设计最重要的几个关键要素整合在一起。

毫无疑问，BIM＋IPD 的协同模式就是工业化住宅协同设计最重要的润滑剂和催化剂。在此基础上，研究构建了"基于 BIM 和 IPD 的工业化住宅协同设计系统整合模式"（图 8-2）。

该系统整合模式强调所有的重要参与者在工业化住宅项目的初期就介入，同时根据参与者身份和专业的不同，将 BIM 模型划分为八大类：建筑设计 BIM 模型、结构设计 BIM 模型、设备分析 BIM 模型、设计综合协同 BIM 模型、施工协同 BIM 模型、成本和进度计划 BIM 模型、部品构件 BIM 模型、运营管理 BIM 模型。其对应的依次是建筑师、结构师、设备工程师、施工单位、供货商和业主，这基本上囊括了一个工业化住宅项目中所有重要的参与方。其中各类 BIM 模型主要有以下作用：

（1）建筑设计 BIM 模型：为工业化住宅的建筑设计环节提供可视化模型与技术分析依据。

（2）结构设计 BIM 模型：为工业化住宅的结构设计环节提供技术分析依据。

（3）设备分析 BIM 模型：为工业化住宅的设备设计环节提供技术分析依据。

（4）设计综合协同 BIM 模型：为建筑设计、结构设计和设备设计提供专业协调，支持不同专业之间的冲突检测。

（5）施工协同 BIM 模型：为工业化住宅的施工模拟提供支撑，提前消解施工冲突。

（6）成本和进度计划 BIM 模型：为工业化住宅的成本估算提供技术依据，模拟生成施工进度计划。

（7）部品构件 BIM 模型：为工业化住宅部品构件生产商、供应商提供数据支持，为建筑师选用成熟的工业化住宅部品构件提供模型库。

（8）运营管理 BIM 模型：为工业化住宅项目交付使用后的运营管理提供数据和信息支持。

另外，"基于 BIM 和 IPD 的工业化住宅协同设计系统整合模式"也特别重视信息在项目全生命周期的有效传递，图 8-2 中不同的箭头表达的是信息传递的深度与要求。

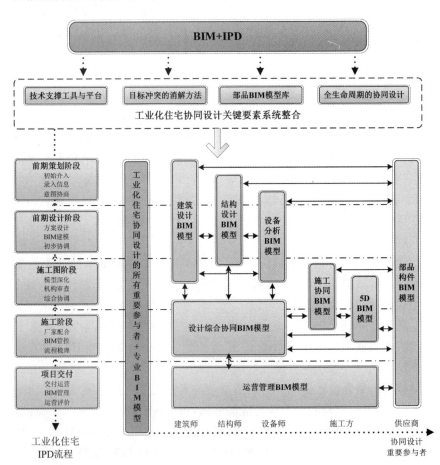

图 8-2　基于 BIM 和 IPD 的工业化住宅协同设计系统整合模式

图片来源：作者自绘

本章小结

研究首先对 IPD 模式进行引介，并将之与传统项目交付模式对比，指出 IPD 模式可以基于项目整体利益最大化整合所有参与者，并构建协作化流程促进项目参与者之间的沟通、交流、协作,因此其可以改变传统项目交付模式的弊端,为项目全生命周期的协同奠定了基础。

由于 IPD 的特征较为抽象和概念化,研究通过对大量的 IPD 相关文献进行整理和分析,梳理出 IPD 的九大特征,并将之与 BIM 功能结合,构建了 BIM 功能与 IPD 特征的关系矩阵,用于发掘 BIM 与 IPD 之间的相互关系。通过定型分析,归纳出 BIM 功能与 IPD 特征的 15 个交互作用点,并对各个交互作用点的交互关系进行释义。在此基础上,研究指出 BIM 为项目的 IPD 提供了一个全生命周期的技术平台,可以较好地支持 IPD 模式的实现,同时,项目交付模式若采用 IPD,也为 BIM 的技术运用提供了良好的外部环境。因此,BIM 技术若能够与 IPD 协同应用,可以从根本上解决传统工业化住宅项目交付方式的弊端。

研究最后构建了"基于 BIM 和 IPD 的工业化住宅协同设计系统整合模式",解决工业化住宅全生命周期的协同设计问题,并作为整合工业化住宅协同设计的系统工具。

传统意义上的"设计"所指的环节,基本上在所有专业的设计图纸施工交底时就已经结束了。而工业化住宅"协同设计"要求的是各专业的协同参与,当其基于 IPD 模式进行系统整合后,建筑师等必须从初始环节就与施工方、供应商协同工作,直至项目整体交付投入运营使用,"设计"环节才算终止。因此,只有基于 BIM 和 IPD 的工业化住宅协同设计,才能够真正实现"协同"的终极目的。

注释

[1] 潘怡冰,陆鑫,黄晴. 基于 BIM 的大型项目群信息集成管理研究[J]. 建筑经济,2012(03):41-43.

[2] Chris Noble. Can Project Alliancing Agreements Change The Way We Build? [J]. Journal of Architectural Record. 2007(7):16-23.

[3] The Associated General Contractors of America (AGC) IPD for Public and Private Owners [EB/OL]. (2010) [2014-05-15]. http://agc.org.

[4] The Construction Management Association of America(CMAA). Managing Integrated Project Delivery [EB/OL]. (2010) [2014-05-16]. http://cmaa.com/files/shared/IPD_White_Paper_1.pdf

[5] The American Institute of Architects (AIA). Integrated Project Delivery:A Guide [EB/OL]. (2007-06-13) [2014-05-15]. http://www.aia.org/aiaucmp/groups/aia/documents/pdf/aiab083423.pdf

[6] Kent D C,Burcin B. Understanding Construction Industry Experience and Attitudes toward Integrated Project Delivery [J]. Journal OF Construction Engineering and Management,2010,136(8):815-825.

[7] 刘祉妤. 国内建筑工程项目管理模式研究[D]. 大连:大连海事大学,2013.

[8] 陈茜,杨建华,代莹. 中国建筑业 IPD 实施阻碍因素分析[J]. 施工技术,2014(9):131-133.

[9] 彭晓,杨青. 项目集成交付(IPD)模式的特点与创新[J]. 建筑,2014(10):23-25.

表 8-2 相关参考文献:

[1] 包剑剑,苏振民,王先华. IPD 模式下基于 BIM 的精益建造实施研究[J]. 科技管理研究,2013(03):219-223.

[2] 陈茜,杨建华,代莹. 中国建筑业 IPD 实施阻碍因素分析[J]. 施工技术,2014(9):131-133.

[3] 郭俊礼,滕佳颖,吴贤国,等. 基于 BIM 的 IPD 建设项目协同管理方法研究[J]. 施工技术,2012(22):75-79.

[4] 金少军,杨青. 项目集成交付(IPD)合同的主要特征及结构[J]. 建筑,2014(22):25-27.

[5] 姬中凯,黄奕辉,金成. 隐性成本控制目标下的工程项目 IPD 协作模式[J]. 建筑经济,2014(07):44-46.

[6] 李明洋,谭大璐,张轩铭. 基于 IPD 管理模式的既有建筑节能改造集成化设计研究[J]. 建筑设计管理,2014,(3):55-58.

[7] 马智亮,马健坤. IPD 与 BIM 技术在其中的应用[J]. 土木建筑工程信息技术,2011(04):36-41.

[8] 彭晓,杨青. 项目集成交付(IPD)模式的特点与创新[J]. 建筑,2014(10):23-25.

[9] 滕佳颖,吴贤国,翟海周,等. 基于 BIM 和多方合同的 IPD 协同管理框架[J]. 土木工程与管理学报,2013(02):80-84.

［10］ 吴学伟,王英杰,罗丽姿. IPD 模式及其在建设项目成本控制中的应用[J]. 建筑经济,2014(01):27-29.

［11］ 魏晓宇,吴忠福. 基于 BIM 的 IPD 协同工作模型在项目成本控制中的应用[J]. 项目管理技术,2015,13(8):40-45.

［12］ 徐芬,苏振民,佘小颉. 基于 IPD 的建筑企业技术中心管理模式研究[J]. 施工技术,2015,44(6):80-83.

［13］ 徐韫玺,王要武,姚兵. 基于 BIM 的建设项目 IPD 协同管理研究[J]. 土木工程学报,2011(12):138-143.

［14］ 徐奇升,苏振民,金少军. IPD 模式下精益建造关键技术与 BIM 的集成应用[J]. 建筑经济,2012(05):90-93.

［15］ 杨一帆,杜静. 建设项目 IPD 模式及其管理框架研究[J]. 工程管理学报,2015,29(1):107-112.

［16］ 张琳,侯延香. IPD 模式概述及面向信任关系的应用前景分析[J]. 土木工程与管理学报,2012(01):48-51.

［17］ Asmar M E,Hanna A S, Loh W. Quantifying Performance for the Integrated Project Delivery System as Compared to Established Delivery Systems[J]. Journal of Construction Engineering and Management,2013,139(11).

［18］ Azhar N,Kang Y, Ahmad I. Critical Look Into the Relationship Between Information and Communication Technology and Integrated Project Delivery in Public Sector Construction[J]. Journal of Management in Engineering,2015,31(5).

［19］ El-adaway I H. Integrated Project Delivery Case Study: Guidelines for Drafting Partnering Contract[J]. Journal of Legal Affairs and Dispute Resolution in Engineering and Construction,2010,2(4):248-254.

［20］ Kent D C, Burcin B. Understanding Construction Industry Experience and Attitudes toward Integrated ProjectDelivery[J]. Journal of Construction Engineering and Management, 2010, 136(8): 815-825.

［21］ Monteiro A,Mêda P, Poças Martins J. Framework for the Coordinated Application of Two Different Integrated Project Delivery Platforms [J]. Automation in Construction,2014,38:87-99.

［22］ Solnosky R,Parfitt M K, Holland R J. IPD and BIM-Focused Capstone Course Based on AEC Industry Needs and Involvement[J]. Journal of Professional Issues in Engineering Education and Practice,2014,140(4).

［23］ The American Institute of Architects (AIA). Integrated Project Delivery: A Guide[EB/OL]. (2007-06-13) [2014-05-15]. http://www.aia.org/aiaucmp/groups/aia/documents/pdf/aiab083423.pdf

［24］ The Associated General Contractors of America (AGC) IPD for Public and Private Owners[EB/OL]. (2010) [2014-05-15]. http://agc.org/.

［25］ The Construction Management Association of America(CMAA). Managing Integrated Project Delivery [EB/OL]. (2010) [2014-05-16]. http://cmaa.com/files/shared/IPD_White_Paper_1.pdf

结　论

在我国建设百年住宅、推进住宅产业化的背景下，工业化住宅协同设计的研究具有重要的现实意义。本书基础理论部分的论述从工业化住宅在国内外的发展历程入手，分析了阻碍工业化住宅推广的原因，得出了工业化住宅需要进行协同设计转型的结论；接着，通过对协同设计的基本观点和发展脉络进行梳理，研究明确了工业化住宅协同设计的定义与特征，并对工业化住宅协同设计的支撑技术进行了简要的分析；基础理论的最后一章对影响工业化住宅协同设计的关键要素进行了比较分析，得出了影响工业化住宅协同设计的五个最关键要素，并对其重要性进行了排序。

本书第二部分对影响工业化住宅协同设计的关键要素进行了系统研究，每一章针对一至两个关键要素进行了分析阐述。其中第五章针对"协同设计的技术支撑工具与平台"和"面向协同设计的专业软件"两个关键要素，在整体上搭建了一个全面的基于BIM的工业化住宅协同设计技术平台，制定了一个可扩展的基于BIM的工业化住宅协同设计实施框架，并给出切实可行的实施路线；第六章针对"设计目标冲突的消解方法"，提出了基于BIM技术的工业化住宅协同设计的冲突消解方法；第七章解决的是"工业化住宅部品BIM模型库"的构建问题，明确了其构建原则与管理流程。

在对工业化住宅协同设计的关键要素进行系统阐述的基础上，文章最后一部分对"全生命周期的协同设计"这个关键要素进行了解答，并提出了基于BIM和IPD的工业化住宅协同设计的系统整合模式：首先对IPD模式进行引介，指出其可以改变传统项目交付模式的弊端，为工业化住宅全生命周期的协同奠定基础；其次，构建了BIM功能与IPD特征的关系矩阵，发掘了BIM与IPD之间的相互关系；最后，研究构建了"基于BIM和IPD的工业化住宅协同设计系统整合模式"，解决了工业化住宅全生命周期的协同设计问题，并作为整合工业化住宅协同设计的系统工具。

工业化住宅协同设计的研究是一项长期的系统工作，涉及信息化技术应用、设计理论与方法、制造技术、施工技术和建筑工程管理技术等诸多学科和内容。由于时间和研究经费所限，本书的研究成果局限于工业化住宅协同设计的基础理论和几个关键要素的分析上，需要在诸多方面进行深入研究去完善工业化住宅协同设计的理论和实现方法。进一步的研究主要包括如下内容：

（1）扩展研究范围，对影响工业化住宅协同设计的其他关键要素进行研究，力求全面、系统地解决工业化住宅协同设计的各个环节的问题，完善工业化住宅协同设计的理论与方法。

（2）在基于BIM的工业化住宅协同设计技术平台的框架基础上，进行基于BIM的信息系统平台的组建，结合工程实例，检验平台运行的效率，根据平台的运行情况改进工业化住宅协同设计的软件选择与应用，还可在此基础上编写有针对性的软件或插件，发挥该平台的最高使用效率。

（3）以工业化住宅部品BIM模型库的构建原则与管理流程为基础，创建大容量的工业化住宅部品BIM模型库软件平台，并以科学的分类方法对模型进行归档，以满足工业化住宅的设计需求与生产需求。

（4）在虚拟设计与虚拟建造的基础上，依托有关科技课题，尤其是国家科技支撑计划，在示范工程中运用本书的研究成果里的方法，使工业化住宅协同设计的方法真正落地，在实际工程中检验研究的成果，以发现问题、积累经验，切实改进工业化住宅协同设计的理论与方法。

参考文献

学术著作

[1] Abel C, Seidler H. Houses and Interiors, 1 & 2 [M]. Melbourne：Images Publishing, 2003.

[2] Eastman C, Teicholz P, Sacks R, et al. BIM Handbook：A Guide to Building Information Modeling for Owners, Managers, Designers, Engineers and Contractors [M]. State of New Jersey：John Wiley and Sons Ltd, 2011.

[3] Glaser B, Strauss A. The Discovery of Grounded Theory：Strategies for Qualitative Research [M]. New York：Aldine De Gruyter, 1967.

[4] Patton M Q. Qualitative Evaluation and Research Methods [M]. Newbury Park, CA：Sage Publications, 1990.

[5] Strauss A, Corbin J. Grounded Theory Methodology：An Overview [M]. Thousand Oaks：Sage Publications, 1994.

[6] [西德]赫尔曼·哈肯. 协同学导论[M]. 张纪岳, 郭治安, 译. 西安：西北大学科研处内部发行, 1981.

[7] [西德]赫尔曼·哈肯. 高等协同学[M]. 郭治安, 译. 北京：科学出版社, 1989.

[8] [德]赫尔曼·哈肯. 协同学——大自然构成的奥秘[M]. 凌复华, 译. 上海：上海译文出版社, 2013.

[9] [德]伊曼努尔·康德. 自然科学的形而上学基础[M]. 邓晓芒, 译. 上海：上海人民出版社, 2003.

[10] [美]克里斯·亚伯. 建筑·技术与方法[M]. 项琳斐, 项瑾斐, 译. 北京：中国建筑工业出版社, 2009.

[11] [美]斯蒂芬·基兰, 詹姆斯·廷伯莱克. 再造建筑：如何用制造业的方法改造建筑业[M]. 何清华, 译. 北京：中国建筑工业出版社, 2009.

[12] [英]彼得·马什. 新工业革命[M]. 赛迪研究院专家组, 译. 北京：中信出版社, 2013.

[13] Autodesk Asia Pte Ltd. Autodesk Revit2013 族达人速成[M]. 上海：同济大学出版社, 2013.

[14] 北京《民用建筑信息模型设计标准》编制组. 《民用建筑信息模型设计标准》导读[M]. 北京：中国建筑工业出版社, 2014.

[15] 丁烈云, 龚剑, 陈建国. BIM 应用·施工[M]. 上海：同济大学出版社, 2015.

[16] 葛清. BIM 第一维度——项目不同阶段的 BIM 应用[M]. 北京：中国建筑工业出版社, 2013.

[17] 葛文兰. BIM 第二维度——项目不同参与方的 BIM 应用[M]. 北京：中国建筑工业出版社, 2011.

[18] 何关培. BIM 总论[M]. 北京：中国建筑工业出版社, 2011.

[19] 黄亚斌, 徐钦. Autodesk Revit 族详解[M]. 北京：中国水利水电出版社, 2013.

[20] 建设部住宅产业化促进中心. 国家康居住宅示范工程住宅部品与产品选用指南[M]. 北京：中国水利水电出版社, 2005.

[21] 建设部住宅产业化促进中心. 住宅部品与产品选用指南[M]. 北京：中国水利水电出版社, 2006.

[22] 纪颖波. 建筑工业化发展研究[M]. 北京：中国建筑工业出版社, 2011.

[23] 来可伟, 殷国富. 并行设计[M]. 北京：机械工业出版社, 2003.

[24] 孟明辰, 韩向利. 并行设计[M]. 北京：机械工业出版社, 1999.

[25] 清华大学 bim 课题组, 互联立方 isbim 公司 bim 课题组. 设计企业 BIM 实施标准指南[M]. 北京：中国建筑工业出版社, 2013.

[26] 清华大学 bim 课题组. 中国建筑信息模型标准框架研究[M]. 北京：中国建筑工业出版社, 2011.

[27] 中国安装协会标准工作委员会. 建筑机电工程 BIM 构件库技术标准 CIAS11001：2015[M]. 北京：中国建筑工业出版社, 2015.

[28] 中华人民共和国国家质量监督检验检疫总局, 中国国家标准化管理委员. 中华人民共和国国家标准（GB/T 22633—2008）：住宅部品术语[M]. 北京：中国标准出版社, 2009.

中文期刊

[1] 包剑剑,苏振民,王先华. IPD 模式下基于 BIM 的精益建造实施研究[J].科技管理研究,2013(03):219-223.

[2] 包剑剑,苏振民,余小颀. 精益建造体系下 BIM 协同应用的机制及价值流[J].建筑经济,2013(06):94-97.

[3] 陈杰,武电坤,任剑波,等. 基于 Cloud-BIM 的建设工程协同设计研究[J].工程管理学报,2014(5):27-31.

[4] 陈茜,杨建华,代莹. 中国建筑业 IPD 实施阻碍因素分析[J].施工技术,2014(9):131-133.

[5] 陈希镇,曹慧珍. 判别分析和 SPSS 的使用[J].科学技术与工程,2008,8(13):3567-3571,3574.

[6] 陈泽琳. 计算机支持的协同项目设计模型[J].华南理工大学学报(自然科学版),1998(05):144-148.

[7] 初明进,冯鹏,叶列平,等. 不同构造措施的冷弯薄壁型钢混凝土剪力墙抗剪性能试验研究[J].工程力学,2011,28(8):45-55.

[8] 楚先锋. 中国住宅产业化发展历程分析研究[J].住宅产业,2009(05):12-14.

[9] 丁运生,赵财福. 住宅建设的产业化及国外经验借鉴[J].住宅科技,2003(12):33-34.

[10] 范悦. 新时期我国住宅工业化的发展之路[J].上海房地,2010(10):16-18.

[11] 封浩,颜宏亮. 工业化住宅技术体系研究——基于"万科"装配整体式住宅设计[J].住宅科技,2009(8):33-38.

[12] 冯仕章,刘伊生. 精益建造的理论体系研究[J].项目管理技术,2008(03):18-23.

[13] 高卫庆,苏振民,王群依. 产业化住宅部品体系的集成化探析[J].改革与战略,2008(10):175-177.

[14] 耿磊磊. "滚雪球"抽样方法漫谈[J].中国统计,2010(08):57-58.

[15] 龚景海,钟善桐,刘锡良. 建筑工程并行设计的研究[J].哈尔滨建筑大学学报,2000,33(5):61.

[16] 管野道夫,孙章,金晓龙. 模糊集合理论的发展[J].世界科学译刊,1979(12):10-16.

[17] 郭俊礼,滕佳颖,吴贤国,等. 基于 BIM 的 IPD 建设项目协同管理方法研究[J].施工技术,2012(22):75-79.

[18] 郭戈. 面向先进制造业的工业化住宅初探[J].住宅科技,2009(11):7-13.

[19] 郭戈,黄一如. 从规模生产到数码定制——工业化住宅的生产模式与设计特征演变[J].建筑学报,2012(04):23-26.

[20] 郭娟利,高辉,房涛. 构建工业化住宅建筑体系与建筑部品设计方法研究——SDE 2010(太阳能十项全能竞赛)实例研究[J].工业建筑,2013,43(6):42-46,51.

[21] 何关培. BIM 和 BIM 相关软件[J].土木建筑工程信息技术,2010,2(4):110-117.

[22] 何浩,徐燕申. 并行设计研究现状及其发展趋势[J].机械设计,1998(01):2-5.

[23] 胡惠琴. 工业化住宅建造方式——《建筑生产的通用体系》编译[J].建筑学报,2012(4):37-43.

[24] 胡向磊,王琳. 工业化住宅中的模块技术应用[J].建筑科学,2012,28(9):75-78.

[25] 胡晓鹏. 模块化整合标准化:产业模块化研究[J].中国工业经济,2005(09):67-74.

[26] 黄歌润,叶子解. 同质性检验方法及其应用[J].电子产品可靠性与环境试验,1996(03):5-13.

[27] 黄亚斌. BIM 技术在设计中的应用实现[J].土木建筑工程信息技术,2010(04):71-78.

[28] 黄宇,高尚. 关于中国建筑业实施精益建造的思考[J].施工技术,2011,40(22):93-95.

[29] 惠彦涛. 建筑部品绿色度分析评价技术研究[J].西安建筑科技大学学报(自然科学版),2007(04):524-528.

[30] 季桂树,卢志渊,李庆春. 一种求解最小割集问题的新思路[J].计算机工程与应用,2003,39(2):98-100.

[31] 吉久茂,童华炜,张家立. 基于 Solibri Model Checker 的 BIM 模型质量检查方法探究[J].土木建筑工程信息技术,2014,6(1):14-19.

[32] 姬丽苗,张德海,管桢瑜. 建筑产业化与 BIM 的 3D 协同设计[J].土木建筑工程信息技术,2012(04):41-42.

[33] 纪颖波. 新加坡工业化住宅发展对我国的借鉴和启示[J].改革与战略,2011(07):182-184.

[34] 纪颖波,王松. 工业化住宅与传统住宅节能比较分析[J].城市问题,2010(04):11-15.

[35] 姬中凯,黄奕辉,金成. 隐性成本控制目标下的工程项目 IPD 协作模式[J].建筑经济,2014(07):44-46.

[36] 贾德昌. 工业化住宅渐行渐近[J].中国工程咨询,2010(06):16-21.

[37] 金少军,杨青. 项目集成交付(IPD)合同的主要特征及结构[J].建筑,2014(22):25-27.

[38] 李德耀. 苏联工业化定型住宅的设计方法[J].世界建筑,1982(03):62-66.

[39] 李明洋,谭大璐,张轩铭. 基于 IPD 管理模式的既有建筑节能改造集成化设计研究[J].建筑设计管理,2014(3):55-58.

[40] 李祥,王东哲,周雄辉,等. 协同设计过程中的冲突消解研究[J].航空制造技术,2001(1):32-35.

[41] 李晓明,赵丰东,李禄荣,等. 模数协调与工业化住宅建筑[J].住宅产业,2009(12):83-85.

[42] 李湘洲,刘昊宇. 国外住宅建筑工业化的发展与现状(二)——美国的住宅工业化[J].中国住宅设施,2005(02):44-46.

[43] 李云贵. 信息技术在我国建设行业的应用[J].建筑科学,2002(02):4-8.

[44] 李忠富,曾赛星,关柯. 工业化住宅的性能与成本趋势分析[J].哈尔滨建筑大学学报,2002(03):105-108.

[45] 李志刚. 扎根理论方法在科学研究中的运用分析[J]. 东方论坛, 2007(4): 90-94.

[46] 林舟. 远大住工: 创造产业住宅新高度[J]. 2014(1-2): 144-146.

[47] 刘长春. 基于SI体系的工业化住宅模数协调应用研究[J]. 建筑科学, 2011, 27(7): 59-62.

[48] 刘东卫, 范雪, 朱茜, 等. 工业化建造与住宅的"品质时代"——"生产方式转型下的住宅工业化建造与实践"座谈会[J]. 建筑学报, 2012(04): 1-9.

[49] 刘东卫, 蒋洪彪, 于磊. 中国住宅工业化发展及其技术演进[J]. 建筑学报, 2012(4): 10-18.

[50] 刘东卫, 闫英俊, 梅园秀平, 等. 新型住宅工业化背景下建筑内装填充体研发与设计建造[J]. 建筑学报, 2014(7): 10-16.

[51] 刘爽. 建筑信息模型(BIM)技术的应用[J]. 建筑学报, 2008(02): 100-101.

[52] 刘云佳. 标准化设计是建筑工业化的前提——以北京郭公庄公租房为例[J]. 城市住宅, 2015(05): 12-14.

[53] 龙玉峰. 工业化住宅建筑的特点和设计建议[J]. 住宅科技, 2014, 34(6): 50-52.

[54] 龙玉峰, 焦杨, 丁宏. BIM技术在住宅建筑工业化中的应用[J]. 住宅产业, 2012(09): 79-82.

[55] 娄述渝. 法国工业化住宅概貌[J]. 建筑学报, 1985(2): 24-30.

[56] 马智亮, 马健坤. IPD与BIM技术在其中的应用[J]. 土木建筑工程信息技术, 2011(04): 36-41.

[57] 毛大庆. 万科工业化住宅战略与实践[J]. 城市开发, 2010(6): 38-39.

[58] 闵永慧, 苏振民. 精益建造体系的建筑管理模式研究[J]. 建筑经济, 2007(01): 52-55.

[59] 潘怡冰, 陆鑫, 黄晴. 基于BIM的大型项目群信息集成管理研究[J]. 建筑经济, 2012(03): 41-43.

[60] 彭晓, 杨青. 项目集成交付(IPD)模式的特点与创新[J]. 建筑, 2014(10): 23-25.

[61] 齐宝库, 李长福. 基于BIM的装配式建筑全生命周期管理问题研究[J]. 施工技术, 2014(15): 25-29.

[62] 亓莱滨. 李克特量表的统计学分析与模糊综合评判[J]. 山东科学, 2006, 19(2): 18-23, 28.

[63] 钱锋, 余中奇. 改变传统的实验——三次国际太阳能十项全能竞赛的思考[J]. 城市建筑, 2013(23): 28-31.

[64] 乔为国. 新兴产业启动条件与政策设计初探——基于工业化住宅产业的研究[J]. 科学学与科学技术管理, 2012(05): 90-95.

[65] 秦珩. 万科北京区域工业化住宅技术研究与探索实践[J]. 住宅产业, 2011(06): 25-32.

[66] 渠箴亮. 建筑设计标准化是建筑工业化的技术基础[J]. 建筑学报, 1978(03): 9-10.

[67] 任军号, 薛惠锋, 寇晓东. 系统工程方法技术发展规律和趋势初探[J]. 西安电子科技大学学报(社会科学版), 2004(01): 18-22.

[68] 荣华金, 张伟林. 基于BIM的某商业综合体项目碰撞分析研究[J]. 安徽建筑大学学报, 2015(02): 82-87.

[69] 史美林, 向勇, 伍尚广. 协同科学——从"协同学"到CSCW[J]. 清华大学学报(自然科学版), 1997(01): 87-90.

[70] 史美林, 向勇, 杨光信. 计算机支持的协同工作理论与应用[J]. 2000: 16-22.

[71] 水亚佑. 工业化住宅标准化与多样化的探讨[J]. 建筑学报, 1983(04): 48-51.

[72] 宋海刚, 陈学广. 计算机支持的协同工作(CSCW)发展述评[J]. 计算机工程与应用, 2004(01): 7-11.

[73] 滕佳颖, 吴贤国, 翟海周, 等. 基于BIM和多方合同的IPD协同管理框架[J]. 土木工程与管理学报, 2013(02): 80-84.

[74] 涂胡兵, 谭宇昂, 王蕴, 等. 万科工业化住宅体系解析[J]. 住宅产业, 2012(07): 28-30.

[75] 王春雨, 宋昆. 格罗皮乌斯与工业化住宅[J]. 河北建筑科技学院学报(自然科学版), 2005, 22(2): 20-23.

[76] 王茹, 宋楠楠, 张祥. 基于CBIMS框架的BIM标准实践与探究[J]. 施工技术, 2015(18): 44-48.

[77] 王婷, 刘莉. 利用建筑信息模型(BIM)技术实现建设工程的设计、施工一体化[J]. 上海建设科技, 2010(1): 62-63.

[78] 王婷, 池文婷. BIM技术在4D施工进度模拟的应用探讨[J]. 图学学报, 2015(02): 306-311.

[79] 王勇, 李久林, 张建平. 建筑协同设计中的BIM模型管理机制探索[J]. 土木建筑工程信息技术, 2014(06): 64-69.

[80] 汪应洛. 当代中国系统工程的演进[J]. 西安交通大学学报(社会科学版), 2004(04): 1-6.

[81] 魏晓宇, 吴忠福. 基于BIM的IPD协同工作模型在项目成本控制中的应用[J]. 项目管理技术, 2015, 13(8): 40-45.

[82] 吴学伟, 王英杰, 罗丽姿. IPD模式及其在建设项目成本控制中的应用[J]. 建筑经济, 2014(01): 27-29.

[83] 谢芝馨. 工业化住宅的系统工程[J]. 运筹与管理, 2002(06): 113-118.

[84] 熊诚. BIM技术在PC住宅产业化中的应用[J]. 住宅产业, 2012(06): 17-19.

[85] 徐芬, 苏振民, 余小颉. 基于IPD的建筑企业技术中心管理模式研究[J]. 施工技术, 2015, 44(6): 80-83.

[86] 徐奇升, 苏振民, 金少军. IPD模式下精益建造关键技术与BIM的集成应用[J]. 建筑经济, 2012(05): 90-93.

[87] 徐韫玺, 王要武, 姚兵. 基于BIM的建设项目IPD协同管理研究[J]. 土木工程学报, 2011(12): 138-143.

[88] 徐雁, 陈新度, 陈新, 等. PDM与ERP系统集成的关键技术与应用[J]. 中国机械工程, 2007(03): 296-299.

[89] 颜宏亮, 苏岩芃. 我国工业化住宅发展的社会学思考[J]. 住宅科技, 2013, 33(1): 16-19.

[90] 杨承根,杨琴. SPSS项目分析在问卷设计中的应用[J].高等函授学报(自然科学版),2010(03):107-109.

[91] 杨健康,朱晓锋,张慧.住宅产业化集团模式探索[J].施工技术,2012(09):95-98.

[92] 杨科,车传波,徐鹏,等. 基于BIM的多专业协同设计探索系列研究之一:多专业协同设计的目的及工作方法[J].四川建筑科学研究,2013(02):394-397.

[93] 杨科,康登泽,车传波,等. 基于BIM的碰撞检查在协同设计中的研究[J].土木建筑工程信息技术,2013,5(4):71-75,98.

[94] 杨科,康登泽,徐鹏,等. 基于BIM的MEP设计技术[J].施工技术,2014(03):88-90.

[95] 杨小勇.方差分析法浅析——单因素的方差分析[J].实验科学与技术,2013(01):41-43.

[96] 杨一帆,杜静.建设项目IPD模式及其管理框架研究[J].工程管理学报,2015,29(1):107-112.

[97] 叶玲,郭树荣.谈我国住宅产业化的必要性和实现途径[J].建筑经济,2004(11):74-76.

[98] 叶明.我国住宅部品体系的建立与发展[J].住宅产业,2009(Z1):12-15.

[99] 张德海,韩进宇,赵海南,等. BIM环境下如何实现高效的建筑协同设计[J].土木建筑工程信息技术,2013,5(6):43-47.

[100] 张红,宋萍萍,杨震卿. Revit在产业化住宅建筑中的应用研究[J].建筑技术,2015,46(3):232-234.

[101] 张纪岳,郭治安,胡传机.评《协同学导论》[J].系统工程理论与实践,1982(03):63-64.

[102] 张琳,侯延香. IPD模式概述及面向信任关系的应用前景分析[J].土木工程与管理学报,2012(01):48-51.

[103] 张向睿.系统工程理论与计算机技术在管理中的应用及前景[J].信息系统工程,2015(02):72-75.

[104] 张晓菲.探讨基于BIM的设计阶段的流程优化[J].工业建筑,2013,43(7):155-158.

[105] 张玉云,熊光楞,李伯虎.并行工程方法、技术与实践[J].自动化学报,1996,22(6):745-754.

[106] 张桦.建筑设计行业前沿技术之三——工业化住宅设计[J].建筑设计管理,2014(07):24-28.

[107] 张桦.全生命周期的"绿色"工业化建筑——上海地区开放式工业化住宅设计探索[J].城市住宅,2014(5):34-36.

[108] 赵瑞东,陆晶,时燕.工作流与工作流管理技术综述[J].科技信息,2007(08):105-107.

[109] 郑炘,宣蔚.欧美建筑模数制在住宅工业化体系中的应用研究[J].建筑与文化,2013(2):82-85.

[110] 钟志强.新型住宅建筑工业化的特点和优点浅析[J].住宅产业,2011(12):51-53.

[111] 周静敏,苗青,李伟,等.英国工业化住宅的设计与建造特点[J].建筑学报,2012(4):44-49.

[112] 周静敏,苗青,司红松,等.住宅产业化视角下的中国住宅装修发展与内装产业化前景研究[J].建筑学报,2014(7):1-9.

[113] 周晓红,林琳,仲继寿,等.现代建筑模数理论的发展与应用[J].建筑学报,2012(4):27-30.

[114] 周晓红.模数协调与工业化住宅的整体化设计[J].住宅产业,2011(6):23-28.

[115] 朱万贵,葛昌跃,顾新建.面向大批量定制产品的协同设计平台研究[J].工程设计学报,2004(02):81-84.

英文期刊

[1] Edmondson A C, Rashid F. Integrated Project Delivery at Autodesk, Inc [J]. Journal of Harvard business school. 2009(9):29-37.

[2] Asmar M E, Hanna A S, Loh W. Quantifying Performance for the Integrated Project Delivery System as Compared to Established Delivery Systems[J]. Journal of Construction Engineering and Management,2013,139(11).

[3] Azhar N,Kang Y,Ahmad I. Critical Look Into the Relationship between Information and Communication Technology and Integrated Project Delivery in Public Sector Construction[J]. Journal of Management in Engineering,2015,31(5).

[4] Badir Y,Kadir M, Hashim A. Industrialized Building Systems Construction in Malaysia[J]. Journal of Architecture Engineering,2002,8(1),19-23.

[5] Barlow J,Childer P, Gann D,et al. Choice and Delivery in House Building:Lessons from Japan for UK House Builders[J]. Building Research & Information,2003,31(2):134-145.

[6] Cerovsek T. A Review and Outlook for a 'Building Information Model' (BIM):A Multi-standpoint Framework for Technological Development[J]. Advanced Engineering Informatics,2011(25):224-244.

[7] Chen Y,Okudan G E, Riley D R. Sustainable Performance Criteria for Construction Method Selection in Concrete Buildings [J]. Automation in Construction,2010,19(2):235-244.

[8] Chevron M. A Metacognitive Tool:Theoretical and Operational Analysis of Skills Exercised in Structured Concept Maps [J]. Perspectives in Science,2014,2(1-4):46-54.

[9] Chiang Y,Hon-Wan Chan E, Ka-Leung Lok L. Prefabrication and Barriers to Entry—a Case Study of Public Housing and Institutional Buildings in Hong Kong[J]. Habitat International,2006,30(3):482-499.

[10] Noble C. Can Project Alliancing Agreements Change the Way We Build? [J]. Journal of Architectural Record. 2007,(7):16-23.

[11] Cook B. An Assessment of the Potential Contribution of Prefabrication to Improve the Quality of Housing: A Scottish Perspective [J]. Construction Information Quarterly,2005,7(2):50-55.

[12] Détienne F,Martin G, Lavigne E. Viewpoints in Co-Design: A Field Study in Concurrent Engineering [J]. Design Studies, 2005,26(3):215-241.

[13] Dodgson M, Gann D. What Would Innovation Look Like for Us? [J]. Construction Research and Innovation,2005,1(3): 20-23.

[14] El-adaway I H. Integrated Project Delivery Case Study: Guidelines for Drafting Partnering Contract[J]. Journal of Legal Affairs and Dispute Resolution in Engineering and Construction,2010,2(4):248-254.

[15] Gann D M. Construction as a Manufacturing Process? Similarities and Differences between Industrialized Housing and Car Production in Japan [J]. Constr. Manage. Econ. ,1996,14(5):437-450.

[16] Gibb A G F. Standardization and Pre-assembly Distinguishing Myth from Reality Using Case Study Research [J]. Construction Management and Economics,2001,19(3),307-315.

[17] Girmscheid G, Rinas T. A Tool for Automatically Tracking Object Changes in BIM to Assist Construction Managers in Coordinating and Managing Trades [J]. Journal of Architectural Engineering,2014(6):164-175.

[18] Hammersley M. The Dilemma of Qualitative Method: Herbert Blumer and the Chicago Tradition [J]. London and New York:Routledge,1989.

[19] Mckew H. Integrated-Project Delivery [J]. Journal of Engineered Systems. 2009,26(1):108-118.

[20] Ilozor B D, Kelly D J. Building information modeling and integrated project delivery in the commercial construction industry: a conceptual study [J]. Journal of Engineering,Project,and Production Management,2012,2(1):23-36.

[21] Isabelina N, Michael A M. Lean Homebuilding: Lessons Learned From a Precast Concrete Panelizer[J]. Journal of Architectural Engineering,2011,17(12):155-161.

[22] Jaganathan S,Nesan L J, Ibrahim R,et al. Integrated Design Approach for Improving Architectural Forms in Industrialized Building Systems [J]. Frontiers of Architectural Research,2013,2(4):377-386.

[23] Jaillon L, Poon C S. Sustainable Construction Aspects of Using Prefabrication in Dense Urban Environment:a Hong Kong Case Study[J]. Construction Management and Economics,2008,26(9):953-966.

[24] Jaillon L, Poon C S. Life Cycle Design and Prefabrication in Buildings: A Review and Case Studies in Hong Kong[J]. Automation in Construction,2014,39:195-202.

[25] Jaillon L, Poon C S. The Evolution of Prefabricated Residential Building Systems in Hong Kong:A Review of the Public and the Private Sector[J]. Automation in Construction,2009,18(3):239-248.

[26] Jung-Ho, Baek-Rae, Ju-Hyung, et al. Collaborative Process to Facilitate BIM-based Clash Detection Tasks for Enhancing Constructability[J]. Journal of The Korean Institute of Building Construction,2012,12(3) :27-39.

[27] Jung Y, Joo M. Building Information Modelling (BIM) Framework for Practical Implementation[J]. Automation in Construction,2011,20(2):126-133.

[28] Kassem M, Iqbal N, Kelly G, et al. Building Information Modelling:Protocols for Collaborative Design Processes[J]. Journal of Information Technology in Construction,2014,19: 126-149.

[29] Kent D C, Burcin B. Understanding Construction Industry Experience and Attitudes toward Integrated Project Delivery[J]. Journal of Construction Engineering and Management, 2010, 136(8): 815-825.

[30] Klein M. Supporting Conflict Resolution in Cooperative Designsystems [J]. IEEE Transactions on Systems Man & Cybernetics,1991,21(6):1379-1390.

[31] Kumaraswamy M M, Ling F Y, Rahman M M, et al. Constructing Relationally Integrated Teams [J]. Journal of Construction Engineering and Management,2005,131(10):1076-1086.

[32] Kvan T. Collaborative Design:What is It ? [J]. Automation in Construction,2000,9(4):409-415.

[33] Isabelina N, Laura H I. Effects of Lean Construction On Sustainability of ModularHomebuilding [J]. Journal of Architectural Engineering,2012,18(4):155-163.

[34] Lou E C W, Kamar K A M. Industrialized Building Systems: Strategic Outlook for Manufactured Construction in Malaysia [J]. Journal of Architectural Engineering,2012,18(2):69-74.

[35] Mao C,Shen Q, Pan W,et al. Major Barriers to Off-Site Construction:The Developer's Perspective in China [J]. Journal of Management in Engineering,2015,31(3).

[36] Monteiro A, Mêda P, Poças Martins J. Framework for the Coordinated Application of Two Different Integrated Project Delivery Platforms[J]. Automation in Construction, 2014, 38:87-99.

[37] Nabil N. Kamel. A Unified Characterization for Shared Multimedia CSCW Workspace Designs [J]. Information and Software Technology, 1999, 41(1):1-14.

[38] Nahmens, Isabelina, Vishal B. Is Customization Fruitful in Industrialized Homebuilding Industry? [J]. Journal of Construction Engineering and Management, 2011, 137(12):1027-1035.

[39] Nawari N O. BIM Standard in Off-Site Construction [J]. Journal of Architectural Engineering, 2012, 18(2):107-113.

[40] Nawi M N M, Lee A, Nor K M. Barriers to implementation of the Industrialized Building System (IBS) in Malaysia [J]. The Built & Human Environment Review, 2014, 4:22-35.

[41] Oak A. You Can Argue It Two Ways: The Collaborative Management of a Design Dilemma [J]. Design Studies, 2012, 33 (6):630-648.

[42] Palacios J L, Gonzalez V, Alarcón L F. Selection of Third-Party Relationships in Construction [J]. Journal of Construction Engineering and Management, 2014, 140:B4013001-B4013005.

[43] Pikas E, Sacks R, Hazzan O. Building Information Modeling Education for Construction Engineering and Management. II: Procedures and Implementation Case Study [J]. Journal of Construction Engineering and Management, 2013, 139 (11):5013002.

[44] Rahman N, Cheng R, Bayerl P S. Synchronous Versus Asynchronous Manipulation of 2D-objects in Distributed Design Collaborations:Implications for the Support of Distributed Team Processes [J]. Design Studies, 2013, 34(3):406-431.

[45] Reza Ghassemi. Transitioning to Integrated Project Delivery-Potential barriers and lessons learned [J]. Journal of Lean Construction Journal. 2011(1):32-52.

[46] Rodden T, Blair G S. Distributed Systems Support for Computer Supported Cooperative Work [J]. Computer Communications, 1992, 15(8):527-538.

[47] Rosenman M A, Gero J S. Modelling Multiple Views of Design Objects in a Collaborative Cad Environment [J]. Computer-Aided Design, 1996, 28(3):193-205.

[48] Ryan E S, Mossman A, Emmitt S. Editorial:Lean and integrated project delivery [J]. Lean Construction Journal 2011, 2011:1-16.

[49] Sacks R, Koskela L. Interaction of Lean and Building Information Modeling in Construction [J]. Construction Engineering And Management, 2010(9):968-980.

[50] Sadafi N, Zain M F M, Jamil M. Adaptable Industrial Building System:Construction Industry Perspective [J]. Journal of Architectural Engineering, 2012, 18(2):140-147.

[51] Schaal S. Cognitive and Motivational Effects of Digital Concept Maps in Pre-Service Science Teacher Training[J]. Procedia - Social and Behavioral Sciences, 2010, 2(2):640-647.

[52] Cho S, Ballard G. Last Planner and Integrated Project Delivery [J]. Lean Construction Journal 2011, 2011:67-78.

[53] Shen Y, Ong S K, Nee A Y C. Augmented Reality for Collaborative Product Design and Development [J]. Design Studies, 2010, 31(2):118-145.

[54] Singh V, Gu N, Wang X. A Theoretical Framework of a BIM-based Multi-disciplinary Collaboration Platform[J]. Automation in Construction, 2011, 20(2):134-144.

[55] Smith R, Mossman A, Emmitt S. Editorial:Lean and Integrated Project Delivery[J]. Lean Construction, 2011:1-16.

[56] Solihin W, Eastman C. Classification of Rules for Automated BIM Rule CheckingDevelopment [J]. Automation in Construction, 2015, 53:69-82.

[57] Solnosky R, Parfitt M K, Holland R J. IPD and BIM-Focused Capstone Course Based on AEC Industry Needs and Involvement[J]. Journal of Professional Issues in Engineering Education and Practice, 2014, 140(4):A4013001.

[58] Succar B. Building Information Modelling Framework:A Research and Delivery Foundation for Industry Stakeholders[J]. Automation in Construction, 2009, 18(3): 357-375.

[59] Tam V W Y, Tam C M, Zeng S X, et al. Towards Adoption of Prefabrication in Construction[J]. Building and Environment, 2007, 42(10):3642-3654.

[60] Tang H H, Lee Y Y, Gero J S. Comparing Collaborative Co-Located and Distributed Design Processes in Digital and Traditional Sketching Environments:A Protocol Study Using the Function - Behaviour - Structure Coding Scheme [J].

Design Studies,2011,32(1):1-29.

[61] Taylor,John E,Bernstein,et al. Paradigm Trajectories of Building Information Modeling Practice in Project Networks[J]. American Society of Civil Engineers,2014,25(2):69-76.

[62] Uihlein M S. State of Integration: Investigation of Integration in the A/E/C Community [J]. Journal of Architectural Engineering,2013(12):5013001-5013004.

[63] Weinerth K,Koenig V,Brunner M,et al. Concept Maps:A Useful and Usable Tool for Computer-Based Knowledge Assessment? A Literature Review with a Focus On Usability[J]. Computers & Education,2014,78(0):201-209.

[64] Yong -Woo Kim, Dossick C S. What Makes the Delivery of a Project Integrated? A Case Study of Children's Hospital, Bellevue,WA [J]. Lean Construction Journal 2011,2011:53-66.

[65] Zhai X,Reed R,Mills A. Factors Impeding the Offsite Production of Housing Construction in China:an Investigation of Current practice [J]. Construction Management & Economics,2014,32(1):40-52.

[66] Zhou W,Georgakis P,Heesom D,et al. Model-Based Groupware Solution for Distributed Real-Time Collaborative 4D Planning through Teamwork [J]. Jounal OF Computing in Civil Engineering,2012,26:597-611.

会议论文

[1] Ji Yingbo,The Analysis on the Core Competitiveness of Construction Enterprises Based on the Industrial Housing Construction,The Fifth International Conference on Computer Sciences and Convergence Information Technology. The Fifth ICCSCIT,2010(12):759-762.

[2] Kim C,Son H,Development of a System for Automated Schedule Update using 4D Building Information Model and 3D Point Cloud[C]. In Computing in Civil Engineering (2013),2013:757-764.

[3] Kim H,Grobler F,Design Coordination in Building Information Modeling (BIM) Using Ontological Consistency Checking [C]. In Computing in Civil Engineering (2009),2009:410-420.

[4] Li Z,He D. Discuss a Method of Collaborative Construction Project Information Management Based on BIM. In ICCREM 2013,2013.

[5] Qiu Y,Wu Y,Yang N. The Real Estate Project-Group Progress Synergetic Management-Based on Spatial Network Structure. In ICCREM 2013,2013.

[6] Sacks R,Dave B A,Koskela L. Analysis Framework for the Interaction between Lean Construction and Building Information Modelling[C]. In Proceedings for the 17th Annual Conference of the International Group for Lean Construction,2009.

[7] Wang G,Lei W,Duan X. Exploring the High-efficiency Clash Detection between Architecture and Structure[C] Proceedings of 2011 International Conference on Information Management and Engineering(ICIME 2011). 2011.

[8] 冯延力. 面向建筑工程设计的产品构件分析及构件库管理系统建设[C]//信息化推动工程建设工业化——第四届工程建设计算机应用创新论坛论文集,上海：2013:480-484.

[9] 张骋. BIM 中的碰撞检测技术在管线综合中的应用及分析[C]. 2014 年 6 月建筑科技与管理学术交流会. 北京,2014.

学位论文

[1] Barben B R. A Case Study for the Use of Integrated Project Delivery and Building Information Modeling for the Analysis and Design of the New York Times Building[D]. The Pennsylvania State University, 2010.

[2] Yu Hong P. Application of Industrialized Housing System in Major Cities in China— a Case Study of Chongqing[D]. 香港理工大学,2006.

[3] 陈沙龙. 基于 BIM 的建设项目 IPD 模式应用研究[D]. 重庆:重庆大学,2013.

[4] 代波. 系统工程理论与方法技术及其在管理实践中的应用研究[D]. 大连:东北财经大学,2011.

[5] 方睿. 数字化视野下的建筑与协同设计[D]. 上海:同济大学,2009.

[6] 郭娟利. 整体卫生间的工业化产品设计方法研究——由太阳能十项全能竞赛引发的工业化产品设计思考[D]. 天津:天津大学,2010.

[7] 高颖. 住宅产业化——住宅部品体系集成化技术及策略研究[D]. 上海:同济大学,2006.

[8] 巨选博. 产业化住宅部品在重庆市的应用研究[D]. 重庆:重庆交通大学,2013.

[9] 李超. 工业化住宅建筑协同设计(空间)应用研究[D]. 北京:北京建筑工程学院,2008.

[10] 刘春梅. 建造视角下的建筑部品体系研究[D]. 北京:北京交通大学,2014.

[11] 李佳莹. 中国工业化住宅设计手法研究[D]. 大连:大连理工大学,2010.

[12] 刘思. 工业化住宅产品的市场发展战略研究[D]. 武汉:武汉理工大学,2006.

[13] 刘祉妤. 国内建筑工程项目管理模式研究[D]. 大连:大连海事大学,2013.

[14] 毛勇. 基于 AutoCAD 实时协同设计平台的研究[D]. 成都:西南交通大学,2011.

[15] 沈良峰. 房地产企业知识管理与支撑技术研究[D]. 南京:东南大学,2007.

[16] 盛铭. 基于信息论的建筑协同设计研究[D]. 上海:同济大学,2007.

[17] 王颂. 大连成品住宅部品集成化策略研究[D]. 大连:大连理工大学,2012.

[18] 吴双月. 基于 BIM 的建筑部品信息分类及编码体系研究[D]. 北京:北京交通大学,2015.

[19] 吴子昊. BIM 技术在建筑施工进程中的碰撞研究[D]. 武汉:武汉科技大学,2013.

[20] 吴子燕. 项目驱动下建筑产品并行设计关键技术研究[D]. 西安:西北工业大学,2006.

[21] 杨尚平. 上海万科基于"工业化住宅"的核心能力战略研究[D]. 上海:复旦大学,2008.

[22] 尹航. 基于 BIM 的建筑工程设计管理初步研究[D]. 重庆:重庆大学,2013.

[23] 于春刚. 住宅产业化——钢结构住宅围护体系及发展策略研究[D]. 上海:同济大学,2006.

[24] 臧志远. 苏联工业化集合住宅研究[D]. 天津:天津大学,2009.

[25] 张萍. 多目标优化遗传算法在建筑协同设计冲突消解中的应用[D]. 济南:山东师范大学,2009.

[26] 赵桦. 住宅部品在住宅建造中的应用前景研究[D]. 重庆:重庆交通大学,2012.

网络资源

[1] Associated General Contractors of American. BIM Tools Matrix [EB/OL]. (2011) [2014-09-16]. http://bimforum.org/wp-content/uploads/2011/02/BIM_Tools_Matrix.pdf

[2] Autodesk, Inc. Lott + Barber Architects Customer Success Story [EB/OL]. (2008) [2014-09-12]. http://images.autodesk.com/adsk/files/lott_generic.pdf

[3] building SMART alliance. United States National Building Information Modeling Standard Version 1-Part 1:Overview, Principles,and Methodologies [EB/OL]. (2007) [2015-09-15]. https://www.nationalbimstandard.org/files/NBIMS_US_V3_Annex_B_NBIMS_V1P1_December_2007.pdf

[4] Institute for BIM in Canada. Environmental Scan of BIM Tools and Standards [EB/OL]. (2011) [2014-09-15]. http://www.ibcbim.ca/documents/Environmental%20Scan%20of%20BIM%20Tools%20and%20Standards%20FINAL.pdf

[5] The American Institute of Architects (AIA). Integrated Project Delivery:A Guide [EB/OL]. (2007-06-13) [2014-05-15]. http://www.aia.org/aiaucmp/groups/aia/documents/pdf/aiab083423.pdf

[6] The Associated General Contractors of America (AGC) IPD for Public and Private Owners [EB/OL]. (2010) [2014-05-15]. http://agc.org.

[7] The Construction Management Association of America(CMAA). Managing Integrated Project Delivery [EB/OL]. (2010) [2014-05-16]. http://cmaa.com/files/shared/IPD_White_Paper_1.pdf